JN122399

豚肉の生産科学

鈴木 啓一 著

東北大学出版会

Production science of pork

KEIICHI Suzuki

Tohoku University Press, Sendai
ISBN978-4-86163-361-4

豚の品種と豚肉

デユロック雄
（写真提供：宮城県畜産試験場）

ランドレース雌
（写真提供：宮城県畜産試験場）

ランドレース雄
（写真提供：富士農場サービス）

LWD三元交雑豚（写真提供：大槻ファーム）
（ランドレース種と大ヨークシャー種の交雑F1雌豚に
デユロック種雄豚を交配して作られる肉豚）

大ヨークシャー（ラージホワイト）雄
（写真提供：富士農場サービス）

中ヨークシャー雌
（「BEAUTIFL PIGS、㈱スタジオ タック クリエイティブ、
2011」より転載）

バークシャー雄
「BEAUTIFL PIGS、㈱スタジオ タック
クリエイティブ、2011」より転載)

アグー雌
（写真提供：沖縄県畜産研究センター）

ハンプシャー雌
「BEAUTIFL PIGS、㈱スタジオ タック
クリエイティブ、2011」より転載)

イベリコ豚
（写真提供：CallosSanuso、鈴木啓一）

島豚
（写真提供：仙台黒豚会　久保勇）

マンガリッツァ雄
（「BEAUTIFL PIGS、㈱スタジオ タック クリエイティブ、
2011」より転載)

ミニチュアピッグ（ミニ豚）
（写真提供：冨士農場サービス）

まえがき

　豚肉は、とんかつ、角煮、しゃぶしゃぶ、豚丼、ローストポーク、肉じゃが、生姜焼き、カレーライスなどの食材として使われ料理レシピは牛肉、鶏肉などと比べてもかなり多い。牛文化の西日本に対し、東北など東日本では特に身近に感じられる食材である。また、豚肉は、日本人はもとより世界でも食肉生産量の最も多い畜種となっている。近年は、米国、カナダ、デンマーク、スペイン、メキシコなどからの豚肉の輸入も増え、国産の割合が50％を切る上に、環太平洋パートナーシップ（TTP）がらみで海外からの豚肉がさらに増えることが予想される。国内の養豚戸数の減少の一方で肉豚頭数はあまり変化がない。一戸あたりの飼育頭数を増やし生産効率を高めている努力の結果だ。そのため、海外から輸入された繁殖能力に優れた繁殖母豚を利用している農場も増えてきている。しかし、こうした輸入母豚を利用した肉豚の肉質情報はあまりない。数年前に東京で開催された豚肉質勉強会での試食会では、多産系母豚から生産された豚肉の食味性は繁殖能力とは反比例していると感じた。

　世界で活躍している主要な豚品種は約30種類あり、国内や主要国では主に3つの品種（ランドレース種、大ヨークシャー種、デユロック種）を交雑し肉豚を生産している。それぞれの品種は国毎に、あるいは北米やEU、イギリスなどの国際的な種畜企業が遺伝的に改良し、それらを利用して肉豚が生産されている。

　5年前に開催された私の東北大学退職記念パーティーでのこと。参加された皆さんとの語らいの合間にメニューの一つのローストポークを食べた際、柔らかくなめらかな食感と味のある豚肉に、この素材は何？パーティー終了後、素材選定者に聞くと、「しもふりレッド」とのこと。なるほどと合点した記憶がいまでも鮮明に残っている。「しもふりレッ

ド」とは、私が宮城県畜産試験場に在職し完成させたデュロック種系統豚である。豚肉のロース部分に含まれる脂肪含量を選抜形質の一つとして、8年間、7世代にわたり遺伝的に改良したデュロック種集団である。赤身のロース筋肉に白いしもふり脂肪が蓄積した芸術的な仕上がりに完成時は満足したものだが、7年間の遺伝的改良に伴う豚肉のおいしさの比較調査はしていなかった。そのため、完成した集団の豚肉がどの程度おいしいかは確認していない。完成直後に私は大学に転勤したため、造成集団の食味性を直接評価する機会が無かった。13年間の大学勤務の最後の機会に前述したしもふりレッド、ローストポークのおいしさに驚いた次第である。

　近年、国内はもとより世界でも家畜の育種改良目標は、発育や赤肉生産能力を遺伝的に高めるだけではなく、食べておいしい肉質の育種改良へと変化してきている。2018年の8月にクロアチアのドゥブロヴニクで開催されたヨーロッパ畜産学会でも、これまでは生産効率が低く、集団の規模も一度は危機的な状況にあったイタリアの希少豚品種を見直す研究プロジェクト紹介などがあり、あらためて「おいしい豚肉」の生産が重要であることに気づいた。

　前述した「しもふりレッド」豚肉は食味性に優れた系統豚だが、何故、柔らかくなめらかな食感で味のある豚肉に改良出来たのか？筋肉内脂肪増加以外の肉質の変化の詳細は不明だ。大学を退職後、育種改良に関連する企業を中心に寄附金を募り、東北大学大学院農学研究科に5年間の寄附講座（家畜生産機能開発学寄附講座）を開設した。この寄附講座では、遺伝育種学と生理科学的アプローチにより牛、豚の生産とその機能を開発することを目的とした研究、とりわけ食肉の美味しさに関わる研究に焦点を当て取り組んできた。

　一昨年、養豚関係の雑誌である「養豚の友」を発行している畜産振興社から、「おいしい豚肉生産のための遺伝と飼養管理ワンポイントアドバイス」の原稿作成を依頼された。豚肉のおいしさを理解するには、体の姿勢保持や運動に携わる筋肉が死後は食肉に変化する組織科学的な機構と、

これに影響する遺伝学的あるいは栄養学的な要因について、基本から整理する必要があると感じていたので連載を引き受けた。本書は、これに加筆、修正を行いまとめたものである。

　本書では、はじめに、豚が生きている間は筋肉として機能する筋肉構造などを紹介する。続いて、屠殺された後は、筋肉から食肉へと変化するメカニズム、さらに、おいしい肉質の科学的な評価法を紹介する。肉質は親から子に伝わる遺伝的な影響と、豚に給与される飼料や飼育条件などの環境条件により左右される。遺伝的な点では品種の影響と遺伝的改良、さらにゲノム情報を利用した肉質の改良法を、環境面では給与する飼料中タンパク質や脂質などの影響、さらに、疾病やストレス、放牧などの飼育環境が肉質に及ぼす影響を紹介する。最後に、動物としての豚の肉質を評価する指標としてバイオマーカーの重要性を紹介する。著者の専門は動物遺伝育種学であり、組織学や食品学などの知識は不十分なため、関連する書籍や文献からの研究情報、最新の研究成果を集め整理した。専門外のため誤った記述や説明不十分な点があると思う。ご指摘いただければ幸いである。

　本書が、消費者にとっては、日頃食べ慣れている豚肉の特徴を理解する書籍として、養豚に関する生産者、技術者、研究者、学生にとっては健康でおいしい豚肉を生産する際の遺伝と環境条件の及ぼす影響に関する情報として利用されることを期待する。

［目 次］

まえがき ……………………………………………………… i

Ⅰ．食肉としての筋肉の基本構造 ………………………… 1

Ⅱ．筋肉から食肉への変化 ……………………………… 9

Ⅲ．肉質の評価法 ……………………………………… 21

Ⅳ．肉質に及ぼす品種、系統の影響 ………………… 33

Ⅴ．イノシシから豚への家畜化とは
　　　──筋線維型と肉質との関係── …………… 47

Ⅵ．肉質の遺伝的改良 ………………………………… 57

Ⅶ．ゲノム情報を活用した肉質改良 ……………… 73

Ⅷ．低タンパク質飼料給与による肉質の付加価値化 ………… 85

Ⅸ．エゴマ絞り粕の飼料添加給による豚肉質の付加価値化 … 99

Ⅹ．疾病や衛生管理ストレスが肉質に及ぼす影響 …………… 109

Ⅺ．放牧養豚の肉質への影響 ……………………… 119

Ⅻ．バイオマーカーによる肉質評価 ……………… 129

あとがき …………………………………………………… 139

参考文献 …………………………………………………… 141

索引 ………………………………………………………… 151

Ⅰ．食肉としての筋肉の基本構造

1．筋肉の種類

　筋肉は体の部位毎に役割、筋肉の種類が異なるが、大きく分けて横紋筋と平滑筋の2つの種類がある。横紋筋は微細な縞模様（横紋構造）をもつ筋肉で、骨格筋など自らの意思で動かせる随意筋と、心臓の筋肉である心筋などのように自らの意思では動かせない不随意筋がある。一方、平滑筋は縞模様の横縞が無い。心臓を除く内臓や消化器官、血管に分布する筋肉であり、不随意筋である。従って、私たちが一般に食する肉は主として横紋筋の骨格筋である。（表1）

表1　筋肉の種類

横紋筋	随意筋	骨格筋	姿勢を保ち身体を動かす	骨格筋の種類
	不随意筋	心筋	心臓を構成する	速筋（白色筋）
平滑筋	不随意筋		内臓、血管の壁に存在し、それらの働きを維持する	遅筋（赤色筋）

2．骨格筋の構造と生化学的組成

　骨格筋は骨格筋細胞の集まりを結合組織が支持する構造となっている。骨格筋細胞は多核の細胞で細長く線維状の筋原線維で構成されており、これが集合して筋線維束を構成し、筋線維束が集合して骨格筋となる（図1）。個々の筋線維は筋内膜、筋線維束は筋周膜、骨格筋全体は筋上膜と呼ばれる結合組織により被われる。従って、主要な筋肉成分は、筋線維、結合体組織と脂肪組織の3つで、骨格筋の化学成分は水分が約75%、タンパク質が20%、脂肪が1〜10%、グリコーゲンが1%となる。

　筋肉の細胞は細く長い筋原線維で構成され、これは細かい糸状のフィラメントである細線維タンパクのアクチンとミオシンから成り立っている。太いフィラメントはミオシンを主成分とし、細いフィラメントはア

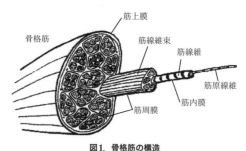

図1. 骨格筋の構造

（文献1-2）p46，図3.1より引用

クチンを主成分としている（図2）。これらが相互に滑り込みをすることで筋肉の収縮が引き起こされる。2種のフィラメントが重なり合っている箇所は濃く、重なりがない箇所は淡いため筋線維の長軸に直行する方向に規則正しい横縞模様が見られることが横紋筋の名の由来である。

　筋原線維と筋線維の間に存在するミトコンドリア、グリコーゲンは、筋の収縮に必要なエネルギー源である。筋細胞は体の中で最もエネルギーを消費するため、アデノシン三リン酸（ATP）を合成する器官であるミトコンドリアが多い事がわかっている。筋肉を意識的に動かす際、神経からのシグナルが細胞膜に活動電位を生じさせ、電気的興奮が、各筋原線維を取り囲む細胞膜から内側に伸びる横行管（T管）と呼ばれる膜系に迅速に広がり、次に筋原線維を網タイツ状に包み込んでいる筋小胞体に伝達される。これらの刺激にはT管の膜にあるカルシウム（Ca^{2+}）チャネル*が活性化され、カルシウムが大量に流れ込むと同時にアクチンとミオシンフィラメントの滑り込みにATPが使われ、各筋原線維の収縮が始まる。これは一過性で、30ミリ秒以内にカルシウム濃度は元に戻り筋原線維は弛緩する。

　筋小胞体の膜にはリアノジン受容体を介したカルシウムチャネルがあり、カルシウム濃度の上昇に応答して開き、カルシウムシグナルを増幅させる。このカルシウム放出に関わるリアノジンレセプター遺伝子が変異したために生じるのがふけ肉と呼ばれるPSE肉である。

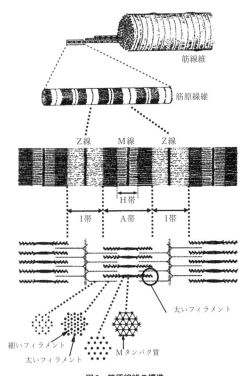

筋線維

筋原線維

Z線　　M線　　Z線

H帯

I帯　　A帯　　I帯

太いフィラメント

細いフィラメント

太いフィラメント

Mタンパク質

図2．筋原線維の構造
（文献 I-2）p48，図3.3より引用）

　骨格筋で発現するRYR1（リアノジン受容体1）の突然変異は、骨格筋
細胞のリアノジン受容体RYR1のカルシウム放出速度機能を低下させる。
その結果、筋肉内のカルシウム濃度が上昇する。筋小胞体内のカルシウ
ムと筋細胞内のATPを筋収縮と発熱を引き起こしながら消費し尽くし、
体温が制御できなくなり適切な処置が行われないと死亡する。豚のみで
なく、ヒト、イヌ、ウマ等にも起こる。PSE肉の詳細についてはⅦのゲ
ノム情報を活用した肉質改良の箇所で詳しく紹介する。

　＊カルシウムチャネルとは：生体膜を構成する脂質二重膜はイオンを透過しない。そのた
　　め、膜の内外に透過させるための必須の膜タンパク質があり、イオンチャネルと呼ばれ
　　る。カルシウムイオンを透過させる役割を持つのがカルシウム（Ca^{2+}）チャネルである。

3. 筋線維は赤色筋と白色筋、その中間型に分類される。

　骨格筋の筋線維の細胞には複数のタイプがあることが知られている。具体的には収縮特性、代謝特性および形態特性の違いから、遅筋タイプ（Ⅰ型、赤色）と速筋タイプ（Ⅱ型、白色）に分類される。速筋タイプはさらにⅡa型、Ⅱx型、Ⅱb型に分類される。このようなタイプは細胞レベル（筋線維1本1本）で異なっており、多数の筋線維から構成される筋組織では、これら異なるタイプの筋線維がモザイク状に入り交じって配置されている（図3）。

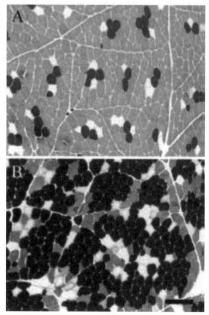

図3. 豚の胸最長筋（A）と菱形筋（B）の筋線維タイプ[3]
（両方とも黒はⅠ型線維、白はⅡa線維、灰色はⅡb型線維を示す）
（文献 I-3）p722，図3より引用）

　遅筋には、酸素をたくわえるミオグロビンというタンパク質が多く含まれるために赤い色をしており、赤筋とも呼ばれる。その収縮過程はゆっくりしており、酸素を必要とする好気性代謝が行われエネルギーを

多く作り出すことができる。一方、速筋はミオグロビン含量が少ないため白っぽい色をしているので白筋とも呼ばれる。解糖によりエネルギーを迅速に生成する解糖酵素の活性が高く、収縮スピードが速く、瞬時に大きな力を発揮することができる。しかし、収縮を保ちにくく疲れやすいという特徴がある。

　白色筋では赤色筋と比較して炭水化物が多く観察される。また、白色線維の直径は通常赤色線維よりも太いことが知られている。しかし、代謝と構造特性が中間的な異なる種類の線維が存在する。こうした筋線維の分類は種々の細胞化学や、免疫組織化学的及び電気泳動法などの手法により行われる。

　筋線維の種類の違いは、ミトコンドリアの酵素、ホスホリラーゼ、グリコーゲンおよび脂質の含量、屠畜後に起こる解糖とタンパク質分解産物の割合が反映している。白色筋では糖分解およびタンパク質分解プロセスが速く、筋肉の軟化がより速くなる。従って，筋組織の収縮特性や代謝特性は，筋線維タイプの構成比率（組成比）で決定される。

　骨格筋組織は部位によりその筋線維タイプ組成が大きく異なる事が知られている。下腿後部の筋組織の一つヒラメ筋は姿勢維持に関与し，慢性的に活動をしており典型的な遅筋である。一方、下腿前部の前脛骨筋や長趾伸筋は主として速筋タイプで構成されているので瞬発的な運動で用いられ、典型的な速筋として利用される。

　家畜でも筋組織が異なると，筋線維タイプ組成が大きく異なる。例えば肩、ロース、ヒレ部分のⅠ型線維の割合は43%、12%、27%との報告（水野谷　2016）がある。豚のこの違いは筋組織の機能的な違いによるものと推定される。

　さらに、筋線維タイプ組成は、同じ部位の組織でも個体間はもちろん品種間でも違うことが知られている。この原因は遺伝的要因と環境要因の両方の影響を受けて決まるが、こうした個体間、品種間の筋線維タイプの違いが肉質にどのような違いをもたらしているのかが重要である。また、人では運動トレーニングにより、筋線維タイプは遅筋タイプへ移

行し、逆に不活動によって速筋タイプへ移行する事が知られている。

　家畜でも運動や食事の環境要因によって筋線維タイプが変化すること
が明らかになっており、乳酸やピルビン酸など解糖系に関わる代謝物が
速筋に多く存在し、クエン酸やアセチルCoAなどTCA回路に関連する
代謝物が遅筋に多く存在する。呈味成分のグルタミン酸は遅筋タイプに
多く認められるが、イノシン酸などは顕著な差が認められないと言われ
ている。

　こうした筋線維タイプの違いが食味性にどのように影響するかについ
て興味深い研究がある。1990年から2015年にわたり東北大学農学部応
用動物科学系3年生（合計782名）を対象とした学生実験で実施した嗜好
型パネル官能検査の結果、腹鋸筋、上腕三頭筋、大腰筋、半腱様筋、中
殿筋、最長筋の順に赤色筋割合が高く、「最も味がある」、「最も旨い」の
回答は腹鋸筋で多かった（図4）。腹鋸筋は部分肉のカタの一部にあたる。
前肢帯で体幹を吊り支えて起立状態を保持する筋肉である。腹鋸筋のⅠ
型割合は38%、最長筋の割合は12.1%であり、一般的に市場価値のある
ロース（最長筋）の味の評価が低かった。

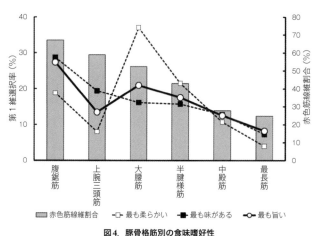

図4. 豚骨格筋別の食味嗜好性

(文献Ⅰ-5) p4, 図3より引用

4. 筋肉結合組織と筋肉内脂肪

　筋肉線維および線維束は筋肉内結合組織で囲まれている。筋線維は筋内膜に、筋線維束は筋周膜に覆われ、骨格筋全体は筋上膜によって覆われている。筋内膜、筋周膜、筋上膜などの結合組織を構成する主成分はコラーゲンである。コラーゲンは主にⅠ型、Ⅲ型に分類される線維コラーゲンから成り立っている。

　筋肉のコラーゲン架橋の割合と程度は、筋肉の種類、種、遺伝子型、年齢、性別、運動のレベルに依存する。図5は骨格筋組織からアルカリ処理により筋線維成分を除去して得られた筋肉内結合組織の走査型顕微鏡写真である。筋線維のタイプだけではなく筋線維を覆う結合組織も食肉の柔らかさなどのテクスチャーに影響すると言われている。

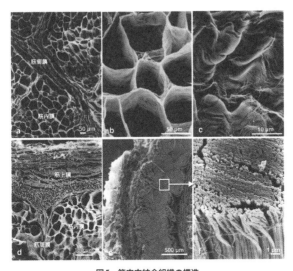

図5. 筋肉内結合組織の構造

牛の半腱様筋：a,筋周膜、b,筋内膜、c,筋周膜、d,筋上膜、e,腱膜、f,eの拡大像

（文献Ⅰ-2）p52，図3.7より引用

　骨格筋内には動脈と静脈が並走しており、筋上膜から骨格筋内に入った小血管は分岐して細血管になる。細血管は筋線維束内で多数の毛細血管に分岐して筋線維の周りを取り巻き、毛細血管床を形成する。骨格筋

内の脂肪組織は主に細血管の周囲に形成される。筋肉内脂肪は、主に構造脂質、リン脂質、および貯蔵脂質(トリグリセリド)からなる。トリグリセリドは、線維と線維束の間に見られる筋脂肪細胞に蓄積される。リン脂質含量は比較的一定だが、トリグリセリド含有量は変化する。筋肉内脂肪含有量は筋肉内脂肪細胞の数と大きさに依存するが、筋肉内脂肪の主な増加は、16週齢の後に始まり、脂肪細胞サイズの増加によるだけでなく、脂肪細胞数の増加にもよる。皮下脂肪組織とは異なり、脂肪細胞数は24週時点でもプラトーに達せず増加を続ける。

　生きているうちは動物の運動や体を支える重要な働きをするが、死後は食肉となる筋肉の基本的構造や筋肉線維のタイプなどについて紹介した。豚肉は部分肉の段階で、かた(うで、かたロース)、ロース、ばら、ヒレ、ももに分割される(表2)が、これを見るとそれぞれ筋肉としての機能別に分類されており、これらの筋肉線維のタイプは異なる。こうした筋肉の基本的情報を踏まえながら、品種や遺伝的改良、飼料内容を含む飼養管理などおいしい肉質に影響与える要因を検討することが重要と思われる。

表2.　豚部分肉重量区分

区分 部分肉名	「S」 (kg未満)	「M」 (kg以上〜 kg未満)	「L」 (kg以上)	割合%
かたロース	2.0	2.0~2.5	2.5	9.1
うで	6.0	6.0~6.5	6.5	23.6
ヒレ	0.5	−	0.5	1.8
ロース	4.5	4.5~5.0	5.0	18.2
ばら	4.0	4.0~4.5	4.5	16.4
もも	7.5	7.5~8.5	8.5	30.9
半丸セット	24.5	24.5~27.5	27.5	100

公益財団法人　日本食肉格付協会　豚部分肉取引規格より

II. 筋肉から食肉への変化

　家畜は屠殺されると生きた筋肉から食肉へと進む過程でさまざまな変化が急激に起こる。体重の7～8%を占める血液の約50%を放血により失う。血液循環が止まり、酸素供給が停止することで一連の死後変化が始まる。これらの変化は、最終的には筋肉細胞の死、細胞の完全性の破壊、筋肉の肉への変換をもたらす。生きている間は、筋肉組織では酸素を使い、解糖によりアデノシン三リン酸（ATP）の形でエネルギーを蓄積する。この過程で産生された乳酸は肝臓に運ばれ、グルコースとグリコーゲンを再合成し、二酸化炭素と水に代謝される。しかし、死後は、血液の循環がないので解糖により生成した乳酸が筋肉の内部に急激に蓄積し、生きている筋肉では7.1～7.3だったpHは、死後1時間以内に低下し始め、24時間後には最終的なpHである5.4～5.7程度まで下がる。

テクスチャーの変化

1. 死後硬直
　放血直後、筋肉は柔らかく伸展性があるが、数時間以内に硬直する。これは死後硬直と呼ばれる現象である。死後の筋肉では、ATPが枯渇するため筋原線維のアクチンとミオシンの強力な架橋が形成されるため起こる現象である。

　通常の筋肉の弛緩と硬直は次のような仕組みで生じる。筋原線維は筋小胞体によって囲まれている。この中にはカルシウムイオン（Ca²⁺）が大量に蓄えられており、Ca²⁺がアクチンフィラメントとミオシンフィラメントとの間の架橋形成、つまり収縮のゴーサインを出す。筋肉の収縮は、太いミオシン線維の隙間に、細いアクチンフィラメントが滑り込むことにより起こる。この滑り込み現象が筋収縮である。滑り込み現象が起こ

るには、細いフィラメントのアクチンと太いフィラメントのミオシン頭部が結合する必要がある。

　また、細いアクチンフィラメントにはトロポミオシンという細長い形のタンパク質分子がアクチンフィラメントのらせんの溝に沿って結合し、さらに、トロポニンT、I、Cという3種類のポリペプチドがトロポミオシンに結合している（図1a）。トロポニンIはトロポニンTとアクチンの両方に結合する。弛緩している筋肉では、トロポニンI-T複合体はトロポミオシンを本来の結合溝から引き出し、アクチンフィラメントがミオシン頭部と結合するのを妨げる位置に動かすので力の発生が阻害される。

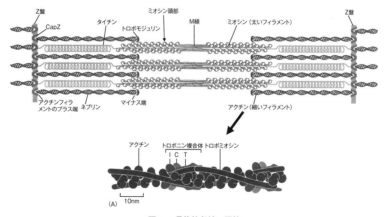

図1a．骨格筋収縮の調節
（文献Ⅱ-1）p920，図16-34，p922，図16-36より引用

　普段はアクチンとミオシンの間にトロポニンという分子が間にあって結合できない。Ca^{2+}濃度が上昇すると、トロポニンCがトロポニンIをアクチンから乖離させるので、トロポミオシン分子が本来の結合部位に滑り込み、ミオシン頭部がアクチンフィラメントに沿って移動できるようになり筋肉は収縮する（図1b）。

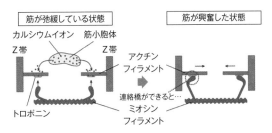

図1b．骨格筋の収縮と弛緩

（文献Ⅱ-2）p221，図4より引用

　筋肉の収縮、弛緩の際にはいずれもATPからのエネルギー供給が必要である。通常、エネルギーは以下の3つの方法で合成される（図2）。

① 　クレアチンリン酸系：ミオシン頭部にある酵素（クレアチンホスホキナーゼ）により、クレアチンリン酸がクレアチンとリン酸に分解されるとエネルギーが放出され、このエネルギーによってリン酸とADPからATPが合成される。運動の最初の段階で行われ、エネルギーの生成速度は極めて早く、酸素も不要で生成効率も良いが、持続性がない。

② 　無酸素系：筋肉中のグリコーゲンが分解して乳酸になるときに出るエネルギーによって、クレアチンとリン酸からクレアチンリン酸が合成される。ここでできた乳酸は、肝臓で酸素の存在下にグリコーゲンに合成される。血中に酸素が十分に取り込まれない状態で沢山のエネルギーが必要な場合に行われる。エネルギーの生成速度は速くて酸素も不要だが、生成効率が悪く、持続性も1分～2分程度しか続かない。

③ 　有酸素系：グルコース、脂肪酸、アミノ酸等が酸素と結合して大量のATPを産生する有酸素系による補充がある。エネルギーの生成速度は遅く酸素が必要となるが、生成効率が最も良く、持続性が非常に長くなる。

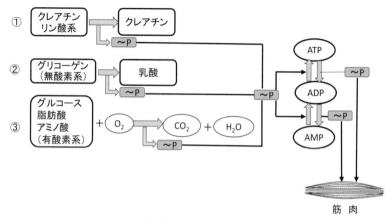

図2. 骨格筋収縮の主要なエネルギー補充系

　屠畜直後の筋線維は弛緩状態にあり、屠畜により呼吸は停止する。酸素の供給が絶たれるので、②の無酸素下で可能なグリコーゲンの分解だけによりATPが供給される。グリコーゲンは分解して乳酸として蓄積され、pHが徐々に低下してくる。しかし、ATPの合成は徐々に低下し、それに伴い筋小胞体の働きも低下し、Ca^{2+}が細胞質に漏出する現象が生じる。漏出したCa^{2+}濃度が上昇すると、筋肉のトロポニンCと結合する。筋肉は生きているのと同様に収縮し、アクチン－ミオシン架橋が形成される。ATPが使い尽くされ、収縮したままのミオシンとアクチンの結合状態が硬直した状態、すなわち死後硬直の状態が続く。

2. 解硬

　死後硬直の筋肉では、時間の経過と共にATPが枯渇した状態である。よって、筋肉が柔らかくなる現象である解硬は、筋原線維タンパク質、特にアクチン－ミオシンフィラメントタンパク質の分解、Z線の脆弱化が原因と考えられている。筋肉の超微細構造の顕著な変化が生じ、筋原線維のZ線－I帯接合部が断片化し、この小片化の割合の測定により軟化の程度が測定できる。また、アクチン－ミオシンフィラメント間の結

合が弱化することも解硬の原因とされている。

　筋原線維のZ線の脆弱化、アクチン－ミオシンフィラメント結合の弱化がもたらされる原因としてCa²⁺とタンパク質分解酵素であるプロテアーゼの活性があげられる。カルパイン、カテプシン、プロテアソームなどがこれまで見つかっている。特に、カルパイン（ⅠとⅡがあり、その活性化にはCa²⁺が必要であり、Ⅰは必要濃度が低いので解硬への寄与が大きい）が重要で、カルパインの活性化にはカルパスタチンが関与し、カルパスタチン濃度が増加すると、カルパインによる死後の肉の軟化は減少する。

　カルパイン活性はpH7.5で25℃の時最大とされる。死後はpHが低下し、熟成過程での貯蔵温度も低下するのでカルパイン活性は最大ではない。それでも、カルパイン、カルパスタチンは屠畜後の筋原線維タンパク質分解系として極めて重要だとされている。屠畜後の肉の柔らかさの変化の大部分は、筋線維タンパク質の異化によって起こるとされている。しかし、研究の結果では、カルパイン、カルパスタチンは肉の柔らかさの変異の30％しか説明せず、残りの変異は、コラーゲンと結合組織が原因となる硬さの背景にある因子により説明される。

　豚では、肉の死後軟化の80％は、はじめの5日以内に起こる。それでは、屠畜後に筋肉の結合組織なども変化するかというと、むしろ結合組織は死後も相対的に安定していると言われている。しかし、西邑・高橋（1995）は牛の28日間熟成牛の半腱様筋の筋内膜、筋周囲膜の構造が脆弱化していることを明らかにしており、豚でも同様の現象が起きている可能性はある。

　表1には、屠畜1日と6日後の豚ロース肉の化学成分と物理的特性値の変化を示した。水分、脂肪、タンパク質などの化学成分はほとんど変化しないが、肉のテンダーネス（柔らかさ）、プライアビリティー（柔軟性）、ブリットルネス（脆さ）、加熱損失率が変化し、柔らかく、柔軟性が失われ、脆さが増し、加熱した際の水分ロスが多くなることがわかる。

表1. 熟成期間の物理的特性値の変化

	単位	熟成期間	
		1日後	6日後
水分	%	74.3	74.1
脂肪	%	2.3	2.3
テンダーネス	kgw/cm²	93.1*	84.1
プライアビリティー		1.62*	1.52
ブリットルネス		1.39	1.52*
加熱損失率	%	21.6	26.7*

* p < 0.05 熟成期間の1日後と6日後との間に有意差あり。
(文献II-4) p112, 図4より引用

保水性

　豚の筋肉には一般に水分が約70 ～ 75%含まれており、肉となった際には肉の嗜好性、機能性、貯蔵寿命に重要な役割を果たす。屠畜後から肉の加工処理の過程で、水を保持する肉の能力を保水性（WHC: Water holding capacity）と定義する。加工段階での肉重量の目減り、肉汁の漏出による店頭での見栄え、食べた際の多汁性などに影響するので、保水性は重要な指標と言える。

　屠畜後、筋肉中のグリコーゲンが分解して乳酸が生成し、pHが7.1 ～ 7.3から5.4 ～ 5.7程度まで低下する。その結果、肉の保水性（WHC）も変化する。水は筋原線維を構成するフィラメントの間に保持されるが、温度、塩濃度、pHなどに影響される。pHが等電点（pH5程度）になると、フィラメント間の空間が狭くなり、保水性が低下する。死後は乳酸が生成されpHは下がるが、筋肉の等電点から離れるにつれて保水性は増加する。屠畜直後のpHは7.2付近だが、最大硬直期は5.6付近となる。

　筋肉中の水分は、結合水、固定水、自由水の3つのタイプに分類される。

　結合水は筋原線維タンパク質の電荷によりしっかり保持されている。凍結には拘束されず、調理等にはよらない強力な乾燥操作によってのみ除去される水である。結合水は筋肉中の水の約4 ～ 5%しか占めていない。

　固定水は筋肉の超微細構造内に見いだされるが、結合水の場合のよう

に筋原線維タンパク質とは結合していない。固定水は筋肉結合水の大部分を占める。加熱によって除去し、凍結中に氷になる。

　自由水は弱い毛細血管力により筋肉内に保持される。筋肉のpHが等電点に近づくにつれて両極性（dipolar）分子である水は、荷電した筋原線維タンパク質構造内に保持される能力が低下する。さらに、硬直が始まるとクレアチンリン酸の喪失、ATPに対するADPの再リン酸化に対応する事ができず、弛緩できないので収縮し続ける。その結果、細胞空間の水の量を減少させ、死後硬直により保水性が減少する。

　pH、温度、及びタンパク質変性により細胞膜が徐々に破壊され、空間が減少し、固定水が放出される。次いで固定水は筋漿に紛れ込む。筋線維に蓄積した水は著しくは制限されず、主に細胞膜と毛管力を介して細胞構造内に保持される。

　以上の定義に従うと、通常の肉質検査で測定する精肉のドリップロスなどは自由水、加熱損失率は固定水の測定と判断される。筋肉内の保水性には遺伝、動物の飼育状況、屠畜、電気刺激などの要因が重要な役割を果たす。特にハロセン遺伝子またはブタストレス症候群（PSS）、Rendement Napole（RN）遺伝子が保水性の低下と密接に関連している。

異常肉の発生（PSE、RSE、DFD肉）

　屠畜後の筋肉の解糖異常によって、異常肉を発生させる可能性がある。異常肉は、以下の3つに分類される。

⑴　PSE　（Pale soft exudative：肉色が淡く、肉質が柔らかく、保水力が低くて液汁が滲出しやすい）

⑵　RSE　（Red soft exudative：肉色が赤く、肉質が柔らかく、保水力が低くて液汁が滲出しやすい）

⑶　DFD（dark firm dry：肉色が暗赤色で保水性が高いため、肉質は締まり肉表面が乾いた感じ）

過度の死後解糖はPSE肉またはRSE肉を生じさせ、解糖を短縮すると DFD肉が生じる。PSE肉は1953年に報告されて以来、何十年にもわたり研究が行われているが、現在でも必ずしも完全に解決されたとは言えない。PSE肉は見栄えも悪く消費者に好まれない上、加工適性も損なわれる。屠体温度が高いまま急速にpHが低下すると発生する。RSE肉は、肉色は赤色だが柔らかく、滲出物が多く、通常の最終的なpHよりも低いため、酸性肉と呼ばれる。Rendement Napole遺伝子（RN）を保有する豚肉では生肉でのドリップロスと加熱した際の加熱損失率が増加する（図3）。

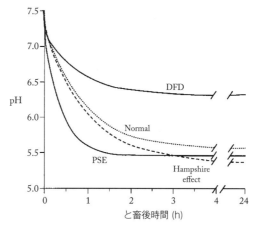

図3. 屠畜後の経過時間とpHの減少曲線
（文献II-6）p88, 図3.2より引用

　屠畜後の筋肉での急速で過剰な解糖が乳酸の蓄積をもたらし急速にpHが低下するとPSE肉となる。RSE肉はハンプシャー種に多く発生する。急速な解糖が枝肉温度の増加を引き起こす大量の熱を発生させる。屠畜直後の低pHの枝肉温度の増加が筋肉タンパク質を変性させ、望ましくない淡い色と低い保水性をもたらす。ミオシンは変成収縮してフィラメントの間隔が減少して細胞から水が排出されドリップロストして失

われる。PSE肉では正常な肉と比べてpHが急速に低下する。PSE肉を防ぐには死後の解糖を遅くすることが鍵となる。

PSE肉発生率の増加の一因と指摘されているのが赤肉量に対する近年の育種改良の結果であり、解糖反応が早い速筋（白色筋）が増え、相対的に遅筋である赤色筋線維の割合が減少したと言われている。糖分解性筋線維は発育効率に優れ、解糖系線維割合が高く脂肪以外の成長は促進されるが、これらの筋線維のエネルギー代謝の解糖系がPSE発生率を増加させる。

DFD肉は主に牛肉で発生し、ダークカッテイングビーフと呼ばれている。屠畜後の12〜48時間後に測定されたpHが6以上のままである場合に起こる。高pH肉では、ミトコンドリア呼吸が維持され、酸素を消費してデオキシミオグロビンが形成されて暗赤色を生じる。屠殺時の筋肉のグリコーゲン含量に影響を及ぼす要因がDFDの発生率に直接影響を及ぼす。屠殺前のストレスを減らすこと、あるいは、栄養補給により筋肉グリコーゲンを増やすことが可能である。さらに、筋肉線維のタイプもDFDの発生率に影響する可能性があるので、解糖系筋線維比率に対する遺伝的選抜によりDFD発生率を減少させることも考えられる。

PSEやRSEなどの異常肉に関連するのは死後の筋肉での解糖だが、AMPK（adenosine monophosphate activated protein kinase）という酵素が重要な役割を果たしている。この酵素は、細胞内エネルギーが低いとき（AMP／ATPの増加）、主にブドウ糖や脂肪酸を取り入れて酸化を活性化し、細胞エネルギーの定常性を保つようにする。ひとたび活性化されると、生合成経路などのATP消費プロセスを切って、ATPを生成する代謝プロセスに切り替える。活性化されたAMPKは、解糖を増加させるなど筋肉における死後解糖、pH低下を促進するため、AMPK活性を阻害することによってPSE肉の発生を予防できる。

筋肉内のグリコーゲン蓄積に関するAMPK調節の最も良い例の1つは酸性肉（RSE）である。RN-遺伝子保有豚は、骨格筋に70%以上もグリコーゲン蓄積が多く、酸性肉の発生率が高い。RN-遺伝子保有豚はハ

ンプシャー種に多い。これはAMPK y3サブユニットにおける点突然変異の結果である。この突然変異はAMPK活性を増加させ、生きている間は筋肉のグルコース取り込みを増強し、グリコーゲン蓄積を増強する。そのため、死後解糖によるpH低下が大きいため酸性肉が起こる（図4）。

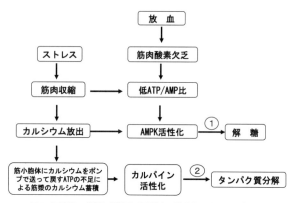

図4．屠畜後の肉質に影響する影響する糖分解とタンパク質分解

①糖分解：屠殺前ストレスはAMPKを活性化して解糖を促進し、PSE豚肉につながる。

②μカルパインは主に死後のタンパク質分解および肉の軟化をもたらす。

（文献II-6）p85，Fig3.1より作成

味の変化

屠畜後の熟成期間のタンパク質、脂肪、結合組織、アミノ酸、イノシン酸などのATP関連物質を調査した全農飼料中央研究所の田村らは、4℃で1日、6日、13日間冷蔵保存したロース肉の化学成分を調べた。水分、粗タンパク質、粗脂肪、還元糖、脂肪酸組成については熟成の過程でほとんど変化は無い。しかし、各アミノ酸は熟成に伴い有意に増加、あるいは増加する傾向の見られる成分が多い。一方、イノシン酸は減少し、イノシン、ヒポキサンチンは増加する（図5）。特に、グルタミン酸（5.18倍）、アスパラギン酸（5.74倍）、トリプトファン（6.29倍）は5倍を超えて増加した一方で、アラニン（1.75倍）、グリシン（1.54倍）の増加は少ない結果が得られている。このように、味に関連すると言われている

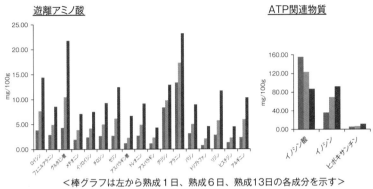

<＜棒グラフは左から熟成1日、熟成6日、熟成13日の各成分を示す＞>

図5．熟成期間のアミノ酸、ATP関連物質の変化（田村ら、未公表）

グルタミン酸は増加するが、一方で、ATP関連物質であるイノシン酸は、
以下のようにイノシン、ヒポキサンチンと分解して減少する。

ATP ⇒ ADP ⇒ AMP ⇒ IMP ⇒
HxR ⇒ Hx ⇒ X
（アデノシン3リン酸 ⇒ アデノシン2リン酸 ⇒ アデノシン1リン酸
⇒ イノシン酸 ⇒ イノシン ⇒ ヒポキサンチン ⇒ キサンチン）

　また、千国（2013）らは、イノシン酸（IMP）とATP分解物量が筋肉線
維タイプと関連することを報告している。速筋型（白色）筋肉である胸最
長筋、半腱様筋、大腰筋などは咬筋、横隔膜、半棘筋などの遅筋型（赤
色）筋肉よりIMPを含むATP分解産物量が多い。同じ胸最長筋でも筋線
維タイプの割合が異なるとIMP含量に違いが生じ、おいしさにも影響
する可能性が考えられる。

Ⅲ. 肉質の評価法

　生産農場で肥育された豚は、食肉卸売市場で屠畜される。その後、(公社) 日本食肉格付協会による格付評価が行われ、セリあるいは相対取引により食肉卸売業者に購入される。部分肉や精肉に加工された豚肉は、量販店、スーパーなどの店頭に置かれ、消費者が購入して調理するか、飲食店で料理加工されて消費者の口に入る（図1）。

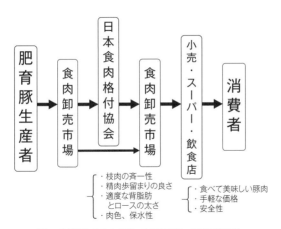

図1. 生産者から食肉市場、食肉格付け、食肉卸売業者、
量販店・スーパー・飲食店から消費者までの豚肉の流れ

　それぞれの段階で、枝肉や肉質の評価が行われる。日本食肉格付協会による枝肉・部分肉の評価は格付規格に基づき行われるが、食肉卸売業者、量販店、スーパーなどの食肉専門業者の段階では必ずしも明確な基準に基づいた評価は行われていない。ここでは、日本食肉格付協会の評価法を含む肉質評価の方法について紹介する。

1. 日本食肉格付協会による枝肉評価

　豚枝肉取引規格は、①枝肉重量と背脂肪の厚さ、②外観、③肉質について、以下の基準により「極上」、「上」、「中」、「並」、「等外」の等級に格付けしている。

　まず、半丸重量と背脂肪厚による等級判定表により、該当する等級（図2）を判定し、次いで外観と肉質（図3）の各項の条件を考慮して最終的な等級が決定される。これらの形質は枝肉の取引価格と直接関連するので重要な形質である。また、枝肉歩留まり、生肉歩留まり、と体長、ロース断面積、バラ部分の脂肪のかみなども流通過程での価格に間接的に影響する。

　なお、日本食肉格付協会は、出荷者(生産者)や流通業者等から豚肉の脂肪交雑程度の評価の要望があり、(独)家畜改良センターと共同で「豚肉の脂肪交雑基準（P.M.S.）」（図3）を作成し、判定証明書を発行している。しかし、これについては、評価している枝肉の部位が表示されておらず、脂肪交雑基準と化学成分の脂肪含量との関連についての科学的根拠も不明である。著者らは、2つのデュロック種集団について、肉眼で調べた脂肪交雑（米国のNPPC基準）と化学成分の脂肪含量との関連を調査した結果、図4に示したとおり正確度は高くはなかった。肉眼で見

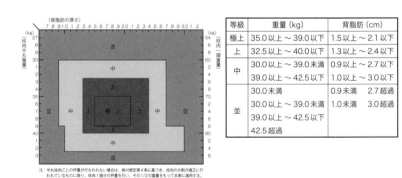

等級	重量 (kg)	背脂肪 (cm)
極上	35.0以上～39.0以下	1.5以上～2.1以下
上	32.5以上～40.0以下	1.3以上～2.4以下
中	30.0以上～39.0未満	0.9以上～2.7以下
	39.0以上～42.5以下	1.0以上～3.0以下
並	30.0未満	0.9未満　　2.7超過
	30.0以上～39.0未満	1.0未満　　3.0超過
	39.0以上～42.5以下	
	42.5超過	

図2. 枝肉半丸重量と背脂肪の厚さによる等級の判定表（皮はぎ用）

（公益財団法人日本食肉格付協会HPより）

外観	肉質
均称	肉の締まり及びきめ
肉づき	肉の色沢
脂肪付着	脂肪の色沢と質
仕上げ	脂肪の沈着

肉色

ポークカラー・スタンダード（胸最長筋における肉色判定）

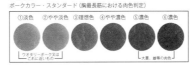

締まり及びきめ

粗脂肪含量との関連が示唆されている（未公表）

No.1　　No.2　　No.3　　No.4　　No.5　　No.6

図3．外観の肉色の評価と豚肉の脂肪交雑基準（P.M.S.）

（日本食肉格付け協会HPより）

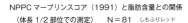

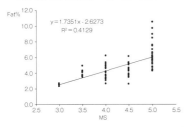

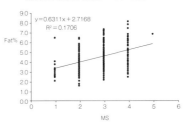

図4．マーブリングスコア（NPPC基準）と脂肪含量との関係

（鈴木、木全、富山）

た脂肪交雑基準では、筋周膜である結合組織も白色のため脂肪組織と一緒に評価されることが正確度を低下させる原因の1つと思われる。この基準を脂肪含量の推定値として育種改良形質等に採用して改良を進める際には注意する必要があろう。現行の枝肉格付けによる枝肉・肉質評価は、人が食べた際のおいしさに関わる肉質評価とは必ずしも直接は関連せず、どちらかと言えば流通サイドの要望を考慮した評価となっていると思われる。

2. 流通、消費者サイドから見た豚肉質とは

　（公財）日本食肉消費総合センターが定期的に発行している調査報告書（平成22年度）には、小売業者、消費者サイドから見た食肉購入時の豚肉質の留意点が紹介されている（図5）。

（※3つまで）	(n=1006)
販売店	
柔らかさ	62.2
肉の色と光沢	61.1
脂身がすくないこと	58.3
霜降りが多いこと（牛肉の場合）	50.1
ジューシーさ	8.3
肉のしまり（水っぽさ）	8.0
霜降りが少ないこと（牛肉の場合）	5.9
肉汁の有無	4.7
脂身が多いこと	3.0
その他	1.5

（※2つまで）	(n=2000)
消費者	
肉の色	80.7
全体の脂身	37.2
（陳列時の）肉汁	36.2
柔らかさ	12.2
（食べた時の）ジューシーさ	10.2
霜降り	6.2
その他	2.6

図5. 販売店・消費者の食肉購買時の肉質留意点
（公益財団法人日本食肉消費総合センター、平成22年10月食肉販売店調査）

　まず、小売業者が留意している肉質として、「柔らかさ」、「肉の色と光沢」、「脂身がすくないこと」、「霜降りが多い事」、「ジューシーさ」、「肉のしまり」の順番で挙げている。

　一方、消費者が留意している点としては、「肉の色」、「全体の脂身」、「（陳列時の）肉汁」、「柔らかさ」、「（食べたときの）ジューシーさ」、「霜降り」の順となっている。消費者が留意する項目は、店頭で見て消費者が豚肉を購入の際には判断できるが、小売業者がトップにあげている「柔らかさ」は、消費者が購入時には判定はできないので、売り手の小売業者と買い手の消費者との間でギャップがある。いずれにしても対象となる豚肉について、あらかじめ「柔らかさ」を含む肉質に関する何らかの客観的な情報があれば、小売業者と消費者に取って販売と購入の際の良い指標となる。

　豚肉質を研究対象としているオランダの研究者 Hovenior(1993)は、流通・消費の段階での豚肉質について、二つの概念で肉質を分類している。一つは官能特性、二つ目は加工処理特性である。特に、消費者を意識した場合には官能特性が豚肉のおいしさに係わるパラメーターとして重要となる。これは人が判断することになるが、①肉色、②滲出液ロス、③筋肉内脂肪、④におい、⑤味、⑥多汁性(ジューシーネス)、⑦柔らかさ(テンダーネス)、⑧きめ (テクスチャー) などである。加工処理上特性は、ハム、ベーコンなどをつくる過程で重要だ。①水分含量、 ②保水性、③結合組織量、④pH、⑤塩分吸収容量、⑥不飽和脂肪酸含量などが挙げられる。いずれにしても、消費者が食べる際の重要な肉質特性とは、柔らかさ、適度な脂肪量、多汁性、味や風味、香りなどであると言える。

3. 官能検査による肉質評価

　人間が豚肉を食べる際の評価については、食肉の特性、すなわち化学的な味やにおい、物理的なテクスチャーなどがおいしさを左右する直接要因となる。食べることより感覚器官を刺激し、それが脳に伝わる。一方、年齢や健康状態などの生理状態、その時の心理状態が感覚に与える間接的な要因として考えられる。その人の育った習慣や文化なども背景要因として考えられる (山野・山口 1994)。

　それぞれの要因がどの程度、おいしさと関係しているのだろうか。こうした評価は、ある程度味覚について訓練されたパネラーや、特別訓練を受けない一般の消費者パネラーにより評価され、官能特性検査と呼ばれる。官能特性検査の目的は、人間の感覚を用いて豚の肉質評価を行うことである。人間の手による官能評価の歴史は1930年代から始まっている。

　官能評価とは、視覚、嗅覚、味覚、触覚、および聴覚を介して知覚されている食品や物質の特性に対する反応を喚起し、測定し、分析し、解釈するために用いられる科学的規律である。この定義は、味だけでなく、

すべての感覚を含む。器械などの測定値による評価は、人間の脳による知覚経験の解釈の重要な知覚プロセスを欠いている値を与えるので、人間の感覚データを収集することが重要である。

　官能検査の内容を大別すると、(1) 分析型官能検査、(2) 嗜好型官能検査、(3) 記述的官能検査の3つがある。分析型官能検査は、製品が互いに異なるかどうかを判断するため、訓練パネルにより行われる。嗜好型官能検査は、一般的に消費者パネルにより行われ、製品の好みまたは許容の程度を評価する。記述的官能検査は官能的特性および知覚される強度を記述することに特徴がある。(1)、(2) のそれぞれで行われる場合もあり、(1)、(2) の結果の補足や記述内容により対象物の特徴を説明する情報として利用できる場合もある。

4.　訓練パネルによる分析型官能検査

　訓練パネルによる分析型官能検査は、人間(パネル)を検査機器として考えるので、検査機器としての人間の変動性が問題となる。どんな官能テストでも、パネリストは外的および内的要因から影響を受ける。このため、パネリストは、分析の鋭敏さを維持するために、選抜と訓練、再トレーニングが必要とされる。人間が官能検査を行う場合、

　　(1) 刺激が感覚器に当たって脳に移動する神経信号に変換され、
　　(2) 脳は、その後、解釈し、
　　(3) 被験者の知覚に基づいて応答が定式化される。

　したがって、応答の差は、これらの3つのステップのいずれかの違いによる可能性がある。脳への神経信号を妨害する内的要因(例えば呼吸器感染など)が存在する可能性があると、特定の匂いや味の記憶に十分な情報がないか、またはその感覚を単語や数字に変換できない可能性がある。トレーニングを行うことで、パネリストが高い再現性で特定の刺激に対して同じ反応を示すように、精神プロセスを形作ることが可能となる。

　分析型官能検査を行う上でパネルの選定は大変重要である。味覚感度の有無、健康面、興味や意欲などの他に、パネルを集めやすいこと、好みに過度の偏りがないことなどが前提とされる。実際には、5種の基本味(甘味、塩味、酸味、苦味、うま味)を代表する呈味成分を用いての識別テスト、基本味の濃度の異なるサンプルを用いての識別テストなどによりパネルとしての選抜を行う。

　次に、訓練が重要となる。食品の属性は、①外観、②におい/アロマ/香り、③堅さおよびテクスチャー、④味を含む風味の順で知覚されると言われ、訓練をしないとパネルとしての評価を出すことができない。さらに、特定のプロジェクトでは、官能を言葉で表現する記述的分析が必要となることもある。①の外観は、消費者購入決定の小売レベルで影響が大きく、色、サイズ、形状、表面テクスチャーが含まれる。②のにおい/アロマ/香りは、揮発性物質が鼻道に入り、嗅覚系によって知覚されるときに検出されるものと定義される。特に、差を認識するためには、相当量のトレーニングを実施する必要がある。③の堅さおよびテクスチャーなどの属性は風味とともに口で知覚され、製品を食べることに関連する特性に加えて、視覚、触覚、および音の複数の感覚によって知覚される。④の味を含む風味の定義は、揮発性物質によって引き起こされる芳香族を含むフレーバーである。また、肉の風味には調理方法、動物が給与された飼料、肉の熟成度、動物の年齢、肉の脂肪含量、屠畜前後の処理要因および他の多くの要因が影響を与える可能性がある。肉の風味は、食肉科学の重要な関心領域だと言われている。

　実際の検査では、検査室の照明や温度条件、対象となる肉サンプルの大きさ、熱処理条件、サンプル数などが検査後の統計処理を考慮した上で詳細に設定され、検査項目毎に1〜5とか1〜10段階の数字で評価される。以上のような食品の属性に関するパネルの選抜、訓練と検査は食品関連会社の研究機関、国や大学 (図6) どの研究機関で行われている。

図6. 訓練パネルによる分析型官能検査
（日本女子大飯田教授研究室）

5．非訓練官能検査及び一般消費者による嗜好検査

　非訓練パネルや一般消費者パネルは、訓練されたパネルによって検出される可能性のある微小な差異を常に検出することはできないが、製品が市場でどのように認識されるかを決定するために利用される。豚肉製品間に認識される差異があるかどうかを確認したり、製品が許容されるかどうかなどを評価したりすることができる。

　非訓練パネルおよび消費者パネルを対象とした検査の場所は、(1)社内、(2) 公共の会場、(3) 家庭の3種類考えられる。公共の会場とは、ショッピングモール、学校、小売店、見本市、オンラインアンケートなどがある。スタッフはサンプルの準備と取り扱の訓練を予め受ける。

　家庭内テストは、製品テストのための現実的な設定を提供することができる。例えば、著者が過去に調査した方法は、宮城県世帯の半数の家庭が会員となっているみやぎ生協に依頼し、常時待機している1,000名のモニターから20代～60代の年齢別にそれぞれ10名ずつ計100名の主婦モニターを選び、豚肉を宅配して嗜好調査をした。こうした非訓練パネルおよび消費者パネルをどのように集めるかは官能検査の目的に依存する。検査の目標は、テストされる製品を利用するユーザー集団の意向を検査パネルの結果が十分反映出来ることである。一方で、消費者パネルの欠点は、できるだけ多数のモニターを集めなければならないことである。一般的には消費者パネルテストは、少なくとも100-500人について、複数箇所で実施する必要があるとされている。そのための費用もかかる。

また、一般的に、消費者パネルテストでは、考慮すべき要因が大きくなるため、予め統計的処理法を検討しておくことも必要となる。

6. 理化学的機器による肉質評価

　官能検査は肉のおいしさを最終的に判断する際には重要だが、検査処理能力に限界があること、検査員のトレーニングが必要なことなどの難点がある。それに代わる方法として分析機器による評価が行われる。

　図7に肉質形質の測定の一部を示した。筋肉中の脂肪含量は豚肉を挽肉状態にした後、エーテル等で脂肪を抽出して重量を測定する（A）。保水性についてはスライスした肉を針金で吊り下げ、それをビニール袋あるいは標本ケースの中に入れ冷蔵庫に保存し、24、48時間後の肉重量を

図7. 機器による肉質分析

（A：エーテル抽出法による脂肪含量の測定、B：肉片のドリップロスの測定、
C：ドリップロスサンプルと測定後の肉片、D：肉片を使った柔らかさの測定）

測定（ナイロンバック法によるドリップロス）する（B）。さらに、肉のかたまりをビニール袋に入れて、70℃の温浴に30分間入れて前後の肉重量から加熱した際の水分の損失を測定する（加熱損失率あるいはクッキングロス）（C）。柔らかさについてはテンシップレッサーという測定機器を使い、中が空洞になった円柱の金属棒を肉に徐々に差し込むことで物理的な軟らかさや、柔軟性、もろさなどが測定できる（D）。そのほかに、肉色は豚肉色を模した肉色標準模型（PCS：5段階で1が淡く、5が暗い）や、色差計という機械を使い肉の明るさ（L*値）、赤色度（a*値）、黄色度（b*値）を測定する。さらに、アミノ酸組成、イノシン酸などの核酸関連物質、オレイン酸などの脂肪酸組成、香気成分などの分析も測定機器を使い測定する。筋肉線維数や太さ、あるいは筋線維型の種類、筋束の面積、結合組織の量と質、可溶性あるいは不可溶性コラーゲン量なども肉の軟らかさ、きめや味などとの関連で測定されている。

まとめ

　異品種間交雑による交雑肥育豚、銘柄豚や遺伝的に育種改良した豚集団を利用した肥育豚の肉質を科学的に評価することは、製品の差別化、消費者への訴求効果や購買意欲を促進する上で重要である。特に訓練パネルによる官能検査は必須だが、パネルの選定、訓練など簡単にはできない。従って、分析機器による分析値から官能特性検査の肉質属性を推定する手法の開発は重要である。そのためには、官能特性検査で得られた評価値と機器による測定値を統計的処理により結合し、機器による客観的測定値から味や香りなど官能特性に優れた豚肉質を評価する手法が必要となる（図8）。まだ確立された方法ではないが、今後こうした研究を進めることで比較的簡易に肉質評価をできることが期待されている。

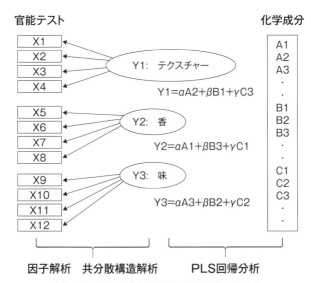

図8. 因子解析・共分散構造分析とPLS回帰分析による
官能テストに係わる化学成分特定モデル

IV. 肉質に及ぼす品種、系統の影響

　世界の肉豚のほとんどは純粋種の交雑により生産されている。使われている品種はランドレース種、大ヨークシャー種、デユロック種およびバークシャー種が主である。また、バークシャー種は純粋種での肉豚や、中雄、止め雄としても利用される。これらの品種は成立起源と特徴を持ちながら、各国の育種企業や民間のグリーダーを中心に改良されてきている。

　日本国内でも食肉、養豚関係企業、個人ブリーダーや系統造成などにより各純粋種が改良されてきているが、純粋種の肉質の改良ではデユロック種やバークシャー種に限られている。肉豚となる交雑豚は純粋種の影響を受けるので繁殖用交雑種を生産する純粋種の肉質の特徴も把握しておく必要がある。ここでは、純粋品種の一般的な特徴とこれまで肉質の品種間比較を行った研究結果、筋線維型が肉質に及ぼす影響などを紹介する。

1. 純粋種の肉質に関する世界の状況

　豚の肉質に関する品種の効果を研究した論文にはいくつかの矛盾した結果が報告されている。純粋種の改良形質の種類や改良の程度が選抜の相関反応としての肉質に影響するためである。

　例えば、カナダ、デンマーク、フランス、およびニュージーランドの報告では白系交雑母親（LW）とデユロック種雄豚の交雑により生産された肉豚は、大ヨークシャー種を止め雄として使った豚より柔らかさの点で有利な肉を生産している。一方で、英国およびアイルランドの研究では、デユロック交雑対大ヨークシャー交雑肉豚の比較では柔らかさについて有意な差は無いとする報告もある。イギリスの研究者らによれば、デユロック種の肉は柔らかさでは劣るが、ランドレース純粋種の肉よりジューシーであること、一方、アメリカとデンマークのデユロック種の

肉は、大ヨークシャー種、ピエトレイン、ハンプシャー種とデュロック種の交雑豚の肉より柔らかいことが報告されている。

　30年前にヨーロッパ4カ国（イギリス、ノルウエー、オランダ、フランス）の研究機関を訪問した際に知ったことだが、大ヨークシャー種は雌系母豚F_1の生産用と三元交雑豚の止め雄用として改良されていた。しかし、皮下脂肪厚を薄くする改良に伴い筋肉内脂肪も減少した。その結果、肉質面での課題が生じてきたため、米国からデュロック種を導入し検討中との事だった。その後、EU諸国でのデュロック種利用の現状は不明だが、育種企業のPIC（Pig Improvement Company）社のSosnicie（2016）によれば、100%デュロック種の豚肉は、風味と全体的な食味性の点で優れていること、大ヨークシャー種のロース肉は、デュロック種またはタムワースより風味は劣るが、柔らかい。バークシャー種の豚肉はそれらの中間的な値であり、デュロック種の肉の遺伝的背景は、アジア（日本、韓国、中国）およびアメリカのニッチ市場では可食性の点で評価されており、この優位性はIMFの含有量が高いことに起因すると結論している。

2. 純粋品種の一般的特徴

　古い記録になるが、全米での肉質研究ではNPPCが止め雄に関するNational Genetic Evaluation Programを1990年に開始し、10の止め雄品種と系統について1,824腹から生産された3,261頭の子豚を能力検定し、40項目の産肉、肉質形質を測定した。1995年に公表された報告をみると、産肉、肉質形質について品種、系統ごとの比較や遺伝率や遺伝相関の分析と同時に育種価を品種、系統、雄個体ごと推定し、止め雄の利用の指針を与えている。このうち肉質形質の品種間比較の分析結果を表1に示した。この表からいえることは、デュロック種が産肉能力はもちろん肉質の筋肉内脂肪含量、テンダーネスに優れていること、バークシャー種がドリップロス、クッキングロスなどの保水性に優れることなどである。

　Sosnicki（2016）は、豚肉の可食性と加工品質には、と畜後の肉のpH

表1. ナショナルポーク評価プログラムでの肉質に対する種雄ラインの比較

(文献Ⅳ-2)より引用

形質	雄系統								
	バークシャー	ダンブレッド HD	デュロック	ハンプシャー	NTG Large White	NE SPFDuroc	Newsham	Spotted	大ヨークシャー
肉色	21.8 a	22.6 b	22.3 bc	23.3 c	21.4 a	22.6 ab	22.2 ab	22.9 bc	22.1 a
最終 pH	5.33 a	5.85 b	5.64 b	5.82 c	5.75 bc	5.52 ab	5.87 c	5.68 b	5.87 c
ドリップロス	2.43 a	3.34 cd	2.75 ab	3.56 d	2.92 c	2.81 ab	2.99 bc	2.88 b	2.85 c
加熱損失率	22.5 a	24.3 b	23.1 ab	26 c	22.9 ab	22.5 a	24.2 bc	23.4 ab	23.5 bc
脂肪含量	2.43 bc	2.61 b	3.19 a	2.61 b	2.25 c	3.3 a	2.27 c	2.65 b	2.42 c
柔らかさ	5.33 a	5.85 c	5.64 b	5.82 c	5.75 bc	5.52 ab	5.87 c	5.68 b	5.87 c

a,b,c：行間の異なる符号間で統計的に有意差あり。

と温度の低下が組み合わさって影響し、豚の品種、系統、および交雑豚の間で影響の程度が異なると報告している。デュロック種雄豚とランドレース種や大ヨークシャー種雄豚との間に、柔らかさ、ジューシーさ、全体的な肉の受容性については差が無いとする結果もある。また、デュロック純粋種または交雑豚由来の肉は、より白っぽく、大ヨークシャー種純種または交雑豚肉よりもやや低い最終pHだとしている。

　現在、ランドレース種と大ヨークシャー種の大部分の集団ではムレ肉（PSE）の原因であるHAL-1843遺伝子変異は集団から除かれてきているので、ランドレース種と大ヨークシャー種間の最終pHの差は、一般的に少ないようである。しかし、ベルギーのランドレース種は相対的にpH低下速度が速く、大ヨークシャー種やフランスランドレース種と比較して肉質が劣る（特に柔らかさで）ことも指摘されている。さらに、ヨーロッパ産の品種を中国産の品種の肉質を比較したところ、中国産はより柔らかく、ジューシーで、美味しい豚製品を生産できるとされている。しかし、中国種交雑豚の肉は、目視でも脂肪量が余分と判断され、EUや米国では食味性の有利さが相殺されるが、日本人にとってはむしろ歓迎されるとの指摘もある。

3. 国内の試験研究結果の紹介

　宮城県畜産試験場在職時に著者が行った研究成果を紹介する。試験に

使った頭数は小規模だが純粋種の肉質の特徴、交雑による肉質に対する止め雄の影響が大きいことが分かった。

1) 純粋種 (L、W、D) と交雑種 (LD、LWD) の肉質比較

　LWD三元交雑肉豚の基礎となるランドレース種 (L)、大ヨークシャー種 (W)、デュロック種 (D) の3純粋種、LDおよびLWD種について品種間比較を行った結果を表2に示した。3純粋種と2交雑種 (LD、LWD)、去勢と雌それぞれ2～3頭ずつ合計28頭を供試し、最後胸椎から2胸椎前の部位のロース肉を使った。その結果、保水性、肉色、筋肉内脂肪および軟らかさのいずれにも品種間差が認められ、保水性、筋肉内脂肪および軟らかさについてD種およびLD種が他の品種より優れていた。一方、W種とLD種が最も淡い肉色であり、L種とW種は筋肉内脂肪が最も少ないこと、物理的特性ではD種、LD種およびLWD種がL種とW種よりTendernessの値が低く、柔らかい。筋線維の直径について

表2. 純粋種、交雑種の肉質の比較

（文献Ⅳ-3）p218, 表1.より引用

形質	単位	品種				
		L	W	D	LD	LWD
肉色	PCS	3.4 [a]	2.9 [a]	3.7 [a]	3 [b]	3.3 [a]
	L値	49.3 [bc]	52.4 [a]	47.9 [c]	51.4 [ab]	49.1 [bc]
	a値	5.9 [c]	8.1 [ab]	8.5 [a]	6.7 [bc]	8.3 [ab]
	b値	6.1	6.2	6.4	6.4	6.9
保水性	加熱損失率　%	25.3 [a]	26 [a]	22.6 [b]	25.8 [ab]	26.1 [a]
化学成分	水分含量　%	73.2	73.1	71.6	73.6	73.0
	脂肪含量　%	2.3 [c]	2.2 [c]	5.3 [a]	3.1 [b]	2.9 [bc]
物理的特性	Tenderness kgw/cm²	77.7 [a]	75.7 [a]	61.4 [b]	56.6 [b]	64.9 [b]
	Pliability	1.53 [a]	1.56 [a]	1.51 [ab]	1.46 [b]	1.45 [b]
	Toughness × 10⁵kgw/m²・m	11.3 [a]	8.6 [ab]	7.9 [b]	5.5 [c]	8.3 [ab]
pH	24h	5.28 [b]	5.25 [b]	5.4 [a]	5.26 [b]	5.81 [a]
	48h	5.05 [b]	5.24 [b]	5.28 [b]	5.14 [b]	5.94 [a]
保水性	ドリップロス 24 時間　%	1.93 [b]	3.3 [a]	1.1 [b]	2 [b]	2.43 [ab]
	ドリップロス 48 時間　%	3.72 [bc]	5.52 [a]	2.79 [c]	4.22 [bc]	4.79 [ab]
	ドリップロス 72 時間　%	5.11 [bc]	7.2 [a]	4.1 [c]	5.84 [abc]	6.27 [a]
筋線維特性	筋線維直径　μm	48.62	48.4	47.17	45.15	-
	一次筋束面積　mm²	0.214 [b]	0.293 [a]	0.221 [b]	0.194 [b]	-
	筋束数	115.5	163.5	131.9	122.4	-

異なる異符号、品種 (a-c) 間に5%水準で有意差有り。

統計的に有意な品種間差はないが、一次筋束の面積はW種が他の品種より有意に大きく、1筋束中の筋線維数も多い傾向だった。

2) 肉質に及ぼす止め雄の影響

　次に、LW種雌に止め雄としてデュロック種、バークシャー種および梅山豚を交雑して作った三元交雑種LWD、LWBおよびLWMの肉質について調べた。その結果、筋肉内脂肪含量と柔らかさについて、LWM（3.23%と61.31kgw/cm²）がLWD（2.32%と84.13kgw/cm²）およびLWB（2.35%と87.22kgw/cm²）より優れ、筋肉線維が集まった一次筋束も細い（LWM：0.296mm²、LWD：0.378mm²、LWB：0.374mm²）。しかし、クッキングロスでは劣るなど、止め雄品種の違いにより軟らかさ、筋肉内脂肪、筋線維の構造や保水性が異なった（表3）。また、筋肉内脂肪のオレイン酸（C18：1）は、LWMがLWDやLWBよりも多いことなどが梅山豚を交雑した肉豚の特徴として明らかとなった。しかし、発育面ではLWMがLWDやLWBより劣り、皮下脂肪も厚く産肉面では劣る結果となった。

表3. 止め雄を変えた場合の交雑豚の肉質比較

（文献Ⅳ-4）p312, 表1.より引用

形質	単位	交雑種		
		LWD	LWB	LWM
		12	12	12
肉色				
L*		49.61 [b]	53.79 [a]	50.91 [ab]
a*		7.1	7.61	7.54
b*		3.5	4.44	4.24
筋線維直径	μm	48.64	44.83	45.42
一次筋束直径	mm²	0.378 [a]	0.374 [a]	0.296 [b]
Tenderness	kgw/cm²	84.13 [a]	87.22 [a]	61.31 [b]
Pliability		1.47 [a]	1.42 [a]	1.33 [b]
加熱損失率	%	25.39 [a]	24.97 [a]	29.56 [b]
化学成分				
水分	%	73.83 [a]	72.98 [b]	92.94 [b]
脂肪	%	2.32 [b]	2.35 [b]	3.23 [a]
蛋白質	%	22.51 [b]	23.55 [a]	22.8 [b]
灰分	%	2.52	1.5	1.41

異なる異符号、品種 (a-b) 間に5%水準で有意差有り。

3) バークシャー種とデユロック種の肉質比較と止め雄としての能力比較

　肉質に優れているといわれているバークシャー種（B）と、筋肉内脂肪割合が高く三元交雑豚の止め雄として広く利用されているデユロック種（D）の純粋種、さらにLD雌豚にバークシャー種とデユロック種を交雑し交雑豚（LDB, LDD）を生産し、交雑豚の肉質に対する2品種の止め雄としての能力を比較した。純粋種間の比較では、肉色とTenderness（肉の柔らかさ）では差が認められないが、B種はD種よりドリップロスが少なく保水性に優れた。一方、筋肉内脂肪はD種がB種より多い（表4）。また、脂肪内層と外層の脂肪酸組成では、パルミチン酸（C16:0）、ステアリン酸（C18:0）などの飽和脂肪酸はB種がD種より有意に多く、オレイン酸（C18:1）やリノール酸（_C18:2）、リノレン酸（C18:3）などの不飽和脂肪酸が少ない（表5）。その結果、表4に示したように皮下脂肪内層と外層の融点は、いずれもB種がD種より4℃ほど高い。さらに、

表4. バークシャー種、デユロック種及び止め雄としての肉質への影響

（文献IV‐5）p39, 表2.より作成

形質	単位	品種			
		B	D	LDB[2]	LDD[3]
肉色					
PCS[1]		3.13	3.56	3.2	3.5
L*　value		48.03	48.25	48.27	49.05
a*　value		2.92	3.36	2.6	3.51
b*　value		5.39	6.31	4.71	6.03
保水性					
ドリップロス 24 時間	%	2.21	3.15	3.33	3.72
ドリップロス 48 時間	%	4.08 [c]	6.05 [ab]	5.58 [b]	6.52 [a]
加熱損失率	%	22.27 [b]	19.3 [b]	27.43 [a]	25.23 [a]
化学成分					
水分	%	72.12 [ab]	71.47 [a]	72.84 [a]	72.04 [ab]
脂肪	%	3.18 [c]	4.25 [ab]	3.34 [bc]	4.77 [a]
脂肪交雑		3.08 [c]	3.9 [ab]	3.4 [b]	4.35 [a]
Tenderness	kgw/cm²	70.36	70.67	72.49	72.96
Pliability		1.526	1.497	1.501	1.496
融点					
皮下脂肪内層	℃	40.47 [a]	36.1 [b]	40.91 [a]	37.39 [b]
皮下脂肪外層	℃	35.13 [a]	31.98 [b]	35.83 [a]	31.57 [b]
腹腔内脂肪	℃	43.44 [a]	37.99 [b]	42.42 [a]	41.72 [b]

PCS:Pork color standard（肉色標準模型）異なる異符号、品種（a-c）間に5%水準で有意差有り。

表5．バークシャー種、デユロック種及び止め雄としての脂肪酸組成への影響

（文献Ⅳ‐5）p40．表3．より作成

形質	品種			
	B	D	LDB[1]	LDD[2]
皮下脂肪内層				
C14:0	1.33 ab	1.08 c	1.38 a	1.24 bc
C16:0	25.78 a	23.3 b	26.51 a	24.55 b
C16:1	1.43 b	1.45 b	157 ab	1.66 a
C18:0	18.01 a	15.63 b	18.34 a	16.01 b
C18:1	40.77 b	43.45 a	40.02 b	42.71 a
C18:2	8.76 b	10.6 a	8.3 b	9.81 a
C18:3	0.44 b	0.5 a	0.44 b	0.52 a
筋肉内脂肪				
C14:0	1.38	1.35	1.49	1.33
C16:0	25.83 b	25.43 b	27 a	25.78 b
C16:1	3.08 b	3.31 ab	3.64 a	3.38 ab
C18:0	13.56	12.69	13.07	12.7
C18:1	43.33 b	46.67 a	43.6 b	47.39 a
C18:2	7.02 a	5.99 b	6.28 ab	5.41 b
C18:3	0.22	0.2	0.21	0.23

B：バークシャー、D：デユロック、[1]LDB：ランドレースとデユロックの
F₁雌×バークシャー、[2]LDD：ランドレースとデユロックF₁雌×デユロッ
ク、異なる異符号、品種（a-c）間に5%水準で有意差有り。

皮下脂肪内層と外層の脂肪酸組成と脂肪融点は、止め雄の影響を強く受
け、B種とLDB、D種とLDDはほぼ同じ脂肪酸組成と融点だった。この
試験結果から、特に脂肪蓄積と脂肪酸組成などは止め雄の影響が大きい
ことが示唆された。

4．筋線維型割合と肉質についての海外の研究の紹介

　豚の肉質は、死後に起こる肉の生化学的プロセスの影響を受ける。死
後の筋肉中での解糖の程度や速度が筋肉pHに影響し、筋肉タンパク質
の変性および品質にも影響する。さらに、筋肉の生化学経路を決定する
主な要因の1つは、筋線維型の割合である。骨格筋は異なるタイプの線
維から構成されており、構造タンパク質に代謝酵素が作用して肉質が決
まる。つまり、骨格筋の収縮とか代謝の特性は、生きている動物のエネ
ルギー代謝のパターンと同様に、死後の筋肉の変化の間にも強く影響す
る。いくつかの研究では、牛肉および豚における筋線維特性と肉質形質

との間に関連があると報告している。従って、品種間および品種内の肉質の違いは、筋線維型割合から説明できる可能性がある。

　筋線維型についてはすでにⅠで紹介したが、Listratら（2016）がまとめた筋線維型の生物学的特徴を表6に示した。この表を参考にしながら以下の研究内容を見てみよう。まず、韓国の研究者のRyuら（2008）は、バークシャー種（B）、ランドレース種（L）、大ヨークシャー種（W）とそれらの交雑豚の合計594頭の筋肉組織の組織化学的特徴と肉質形質を比較した。Ⅰ型線維の面積割合はバークシャー種（7.51%）が他の品種（L：6.21%、W：6.80%、LWD：5.43%）よりも多く、逆にⅡb型線維の面積割合は少ない（B：85.03%、L：88.19%、W：86.78%、LWD：87.45%）。筋肉pH45分およびpH24hは、バークシャー種が他の品種より有意に高く、ドリップロスは少なく、肉色のL*も低い。バークシャー種は酸化型のⅠ型筋線維割合が多く、解糖系型のⅡb型筋線維割合が少ないことが関係し、筋線維割合が品種間および品種内の肉質の変動を部分的に説明すると結論している。

表6．筋線維型の生物学的特性

(文献Ⅳ-10) p259，Table1.より作成

	遅筋	速筋		
	Ⅰ	Ⅱa	Ⅱx	Ⅱb
収縮速度	+	+++	++++	+++++
筋原線維 ATP 酵素	+	+++	++++	+++++
収縮閾値	+	+++	++++	+++++
収縮時間／日	+++++	++++	+++	+
疲労抵抗	+++++	++++	++	+
酸化的代謝	+++++	++++	++	+
解糖系代謝	+	+++	++++	+++++
ホスホクレアチン	+	+++++	+++++	+++++
グリコーゲン	+	+++++	++++	+++++
トリグリセリド	+++++	+++	+	+
リン脂質	+++++	++++	+++	+
血管新生	+++++	+++	+++	+
ミオグロビン	+++++	++++	++	+
緩衝能力	+	+++	+++++	+++++
Z 線幅	+++++	+++	+++	+
直径	++	+++	++++	+++++

ミオシン重鎖区分（表頭）

+:かなり低い、++:低い、+++:中間、++++:高い、+++++かなり高い

さらに、ランドレース（L）種、大ヨークシャー（W）種と韓国在来豚（KNP）の胸最長筋の代謝酵素と筋線維タイプを比較したKimら（2008）は、KNPは筋肉内脂肪含量が多く、肉色のa*値（赤色度）とb*値（黄色度）がL種、W種と比べ高いこと、KNPはⅠとⅡa、Ⅱx型が多く、L種とW種はⅡb型線維が多い。そして、酸化型に関連した遺伝子であるNADH脱炭酸遺伝子とATPase遺伝子の発現はKNP豚で高く、肉色や筋肉内脂肪とも関連しているとしている。

　筋線維割合は育種改良によっても変化することが確認されている。フランスの研究者らは、飼料効率の指標である余剰飼料摂取量（発育能力などから推定する飼料摂取量と実際の飼料摂取量との差）について、大ヨークシャー種を使い高低方向に4世代選抜した。高低方向に選抜された大ヨークシャー種のロース肉の筋線維型を調べた結果、余剰飼料摂取量が低く飼料効率に優れた豚のロースにはグリコーゲン含量が多く、速筋タイプのⅡb型の割合が増え、筋肉内脂肪は減少したと報告している（Lefaucheurら2011）。赤肉量を増やす方向への選抜は、Ⅱb型の筋線維を増やす可能性がある。

　筋線維型は、Ⅰ⇔Ⅱa⇔Ⅱx⇔Ⅱbの経路に沿って変化する。豚の成長速度、飼料効率等の改良に伴う相関反応や飼養環境の変更によっても筋線維型が変化することが考えられる。

　以上の結果から、それぞれの品種が産肉能力などの育種改良に伴い筋肉線維型が変化し、これに伴ってpH、保水性、筋肉内脂肪含量、肉色が変化する。従って、それぞれの純粋種の筋線維型を調べることが肉質の特徴を把握する手段として有効かも知れない。

5. 筋線維型と肉質、化学成分の品種間比較及び筋線維型と化学成分との関連

　豚は、繁殖能力や産肉、肉質のそれぞれに優れた特性を持つ品種として育種改良されてきている。ランドレース種や大ヨークシャー種は主に繁殖能力を中心に、デユロック種は産肉能力、肉質を中心に、さらに、

バークシャー種、中ヨークシャー種は肉質について改良されてきている。従って、同じ品種でも導入先やその後の改良方法の違いにより繁殖能力、産肉能力、肉質形質が異なる集団となっている。家畜化された豚は遅筋の割合が少なく速筋タイプの白色筋の割合が多い。さらに、品種により筋線維型割合が異なるため、屠殺後のタンパク質の分解による遊離アミノ酸やイノシン酸などの核酸関連物質の濃度も異なることが予想されるが、全ての品種を網羅的に調査した研究は少ない。

　国内の異なる農場で同時期に飼育されたランドレース種 (L)、大ヨークシャー種 (W)、デュロック種 (D)、バークシャー種 (B)、中ヨークシャー種 (Y)、島豚 (SB)、マンガリッア種 (M) の筋肉線維割合とアミノ酸、核酸関連物質含量について、麻布大の水野谷航、山形県総合農業センター畜産研究所の小松智彦との共同研究で調べた研究成果（未発表）を紹介する。ただし、給与した飼料内容、屠殺時期は品種毎に異なる。

　L、W、D (D1、D2)、B、Y、SB、Mの7品種それぞれ、3、3、8、3、3、4、1頭の合計25頭について、体重110kg前後で屠畜後の胸最長筋肉を入手した。屠殺日齢は品種により異なり全体として150〜236日だがSBとMはさらに長い。いずれも屠殺後3〜4日の肉を入手し、凍結保存した。凍結豚肉を筋線維型測定用と化学分析測定用に分割し、筋線維型の解析と化学分析用の解析に供した。筋線維型の測定は、SDS-PAGE法によりMyHCアイソフォームを異なる移動度（MyHC I > II）に従ってI型とII型筋線維型を分類した。肉質形質としてドリップロス (DL)、クッキングロス (CL)、pH、剪断力価を測定した。さらに、粗脂肪含量の他、脂肪酸組成、糖成分、核酸関連物質、アミノ酸やペプチドなどの化学成分を分析した。

　図1にI型筋線維型割合を示したが、D1 (16.6%) と SB (14.7%) がD2 (9.6%) より有意に多く、Y (12.4%)、B (11.3%)、L (11.5%)、W (10.1%) はそれらの中間の値だった。また、Mは1頭だが27.3%と最も高い値を示した。糖成分やイノシン酸については有意な品種間差は認められないが、グルタミン酸はD1、D2、SBに比べLが有意に低く、他の品種は中間の値だった（図2）。グルタミン酸と核酸関連物質のイノシン酸から推

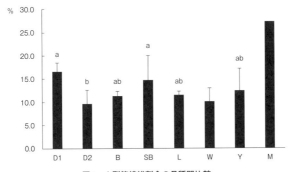

図1．Ⅰ型筋線維割合の品種間比較

a, b, c　異なる文字間で有意差あり　p＜0.05

D1：デュロック種しもふりレッド、D2：一般デュロック種、B：バークシャー種、SB：島豚、
L：ランドレース種、W：大ヨークシャー種、Y：中ヨークシャー種、M：マンガリッア種

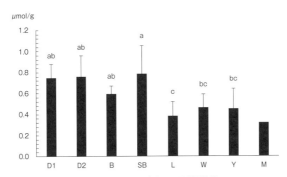

図2．グルタミン酸含量の品種間比較

a, b, c　異なる文字間で有意差あり　p＜0.05

D1：デュロック種しもふりレッド、D2：一般デュロック種、B：バークシャー種、SB：島豚、
L：ランドレース種、W：大ヨークシャー種、Y：中ヨークシャー種、M：マンガリッア種

定されるうま味強度（グルタミン酸含量＋1218×イノシン酸含量×グルタミン酸：Yamaguchi ら 1971）については、図3示すように、D1 と SB の値が最も高く、L、W、Y、B より有意に優れる結果となった。また、M はイノシン酸が最も高い値だが、グルタミン酸が最も少ないため、うま味強度は最も低い値だ。筋肉内脂肪含量は、D1 が 6.3％と最も多く、L、W、Y、SB が 1％台、B が 4.3％、D2 が 3．6％だった。また、M は 1 頭だけ

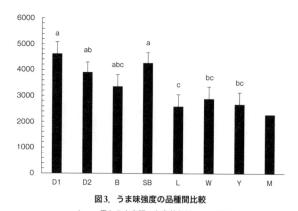

図3. うま味強度の品種間比較

a, b, c 異なる文字間で有意差あり p < 0.05

D1：デュロック種しもふりレッド、D2：一般デュロック種、B：バークシャー種、SB：島豚、
L：ランドレース種、W：大ヨークシャー種、Y：中ヨークシャー種、M：マンガリッア種

だが8.4%と最も多かった。品種をプールして求めた相関について、Ⅰ
型筋線維割合はDL、粗脂肪割合と-0.50と0.44の有意な相関を、グリ
コーゲンとは0.38の相関示し、Ⅰ型筋線維型が多いとドリップロスが少
なく粗脂肪含量が多く、グリコーゲンが多いことが示唆された。肉質形
質間ではpHがSFVと-0.44、粗脂肪含量はドリップロス、クッキングロ
スとそれぞれ-0.432、-0.422の有意な負の相関を、pHと0.398の有意な
正の相関を示した。

　以上の結果から、品種により胸最長筋の筋線維型割合、化学成分が異
なること、Ⅰ型筋線維割合の増加は保水性を高め、脂肪含量の増加に影
響することが示唆された。残念ながらこれらの豚肉の試食は行っておら
ず、おいしさの評価については今後の課題だが、しもふりレッドはⅠ型筋
線維割合が多く、また、グルタミン酸とイノシン酸含量から推定されるう
ま味強度が高かった。しもふりレッドのおいしさの秘密は筋肉内脂肪割
合が多いだけではなく、筋肉線維型や化学成分の違いにあったことを示
唆する結果が得られた。サンプル数が少ない事、飼養条件が異なるなど
条件付きではあるが、品種間での違いを明らかにすることができた。さら
に同一飼育環境下でサンプル数を増やした試験で確認する必要がある。

まとめ

　宮城県畜産試験場および米国での肉質調査の結果から、従来からいわれているように、B種、D種はそれぞれ、保水性、筋肉内脂肪などの肉質について特徴があり、脂肪酸組成についても遺伝的に組成が異なる。さらに、これらを止め雄として使った場合、肉質に及ぼす影響が予想以上に大きいことがわかる。品種の中でもいくつかの系統が作られており、系統間の違いもあるが、品種の枠を超えられることは難しいと思われる。そのため、D種、B種などのように特徴を持った品種の交雑による肉豚生産が、高品質豚肉生産には必要かもしれない。WBD、LBDなどのようにB種を中雄、D種を止め雄として使った肉豚生産がすでに行われている。交雑による肉質の詳しい分析情報が必要だ。最後に、筋肉の筋線維型、肉質、化学成分との関連を検討した結果、これらが密接に関連しており、それぞれの品種や系統がどんな形質を中心に改良が進められたのか、筋線維型の割合なども合わせて調べることが重要と思われる。

Ⅴ．イノシシから豚への家畜化とは
── 筋線維型と肉質との関係 ──

　近年、気候温暖化の影響と思われるイノシシの北上に伴う農作物の被害の拡大、中国でのアフリカ豚熱発生の拡大、そして、国内でも平成30年9月に26年ぶりに豚熱が発生した。野生イノシシの感染も確認され、これが家畜豚への伝播源となる可能性のため淘汰の対象とされてきている。

　豚はイノシシから家畜化され、現在ではランドレース種、大ヨークシャー種、デユロック種など生産効率の高い品種が改良され利用されている。一方で、生産効率の低い希少な在来品種は淘汰されてきているが世界にはまだ存在している。近年は肉質が優れていることなどから見直され、銘柄豚の素材として利用されてもいる。

　ここでは、イノシシと豚の筋肉線維型の比較から家畜化の変化を検討した研究、これらと肉質との関係について紹介する。

1．成長に伴うイノシシと近代種の筋線維型の変化

　Fazarincら（2017）は、イノシシと近代の大型種について成長に伴う筋線維型の変化を調査した。骨格筋の筋線維型は、持続的な収縮を行う脂質をエネルギー源とし、酸化能力が大きいⅠ型、迅速で一時的な収縮のためグリコーゲンを使用する解糖性のⅡb型、Ⅰ型とⅡb型の中間的な代謝をするⅡaとⅡx型に分類される。これは、筋原線維タンパク質であるミオシン重鎖（MyHC）をATPaseで染色する際、pHを酸性側で前処理すると遅筋型（MyHCⅠ）、アルカリ性で前処理すると速筋型（MyHCⅡa、Ⅱx、Ⅱb）の酵素活性が残ることで区別が可能である。ミオシンATPaseの活性を抗MyHCアイソフォーム特異抗体で検出する免疫染色法で区分している。合わせて、コハク酸脱水酵素（SDH）の酵素活性も利用した方法でも区分している（表1）。分娩後1日齢、3週齢、7ヶ月齢、

表1. 抗体特異性とコハク酸脱水素酵素活性による筋線維型分類

（文献Ⅴ-1）p.166，表1より作成

抗体	図1写真	筋線維型				
		Ⅰ	Ⅰ/Ⅱa	Ⅱa	Ⅱx	Ⅱb
MCL-MHCs	a	++	++/+	-	-	-
A4.74	b	-	++/+	++	+	-
BF-F3	c	-	-	-	+/-	++
SDH	d	++	++	++	+	

2歳齢のヨーロッパイノシシと大ヨークシャー種をそれぞれ5頭ずつ20頭、合計40頭のイノシシと豚を屠畜した。背最長筋と大腰筋の凍結切片を作成して免疫/酵素化学組織化学的に染色し、遅筋（タイプⅠ）と速筋（タイプⅡ）、さらに、速筋をタイプⅡa、Ⅱx、Ⅱbに分類し、連続凍結切片から筋線維型の断面積を測定した。

　図1に7ヶ月齢のイノシシと大ヨークシャー種の筋線維型染色を示した。線維型割合は明らかに異なる。表1の左から二列目のa～dが、図1の上から順に対応した写真となる。濃色に染色されているのがそれぞれの抗体に対応した線維型となる。イノシシと豚では各線維型の割合、線維面積の大きさが異なる。

　この筋線維型割合と筋線維面積について、発育に伴う変化を図2に示した。上が筋線維型割合、下が筋線維面積である。生後1日目のⅠ型、Ⅰ/Ⅱa、Ⅱaの筋線維型割合は、イノシシが4.0、7.6、88.4％、大ヨークシャー種が3.7、4.9、91.4％と統計的に有意差は無く、両方ともⅡaの割合が9割を占めている。筋線維面積でもイノシシと大ヨークシャー種の間には有意差はない。3週齢になるとイノシシと大ヨークシャー種との間で明らかな差が見られる。大ヨークシャー種ではⅠ、Ⅱa、Ⅱx、Ⅱbの割合が10.5、17.6、20.8、48.5％とⅡbの割合が増えたが、イノシシではそれぞれ12.8、18.2、52.1、11.6％とⅡxにシフトしている。図1に示した7ヶ月齢では、筋線維型の割合の違いは品種間で顕著である。Ⅰ、Ⅱa、Ⅱxの割合はイノシシでそれぞれ13.4、21.4、31.4％と多く、逆にⅡb割合は33.8％だが、大ヨークシャー種は

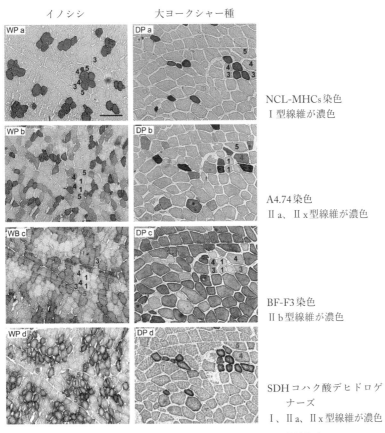

図1. 7ヶ月齢のイノシシと大ヨークシャー種の胸最長筋の筋線維型

（文献Ⅴ-1）p170, 図3より引用

58.1％とイノシシの倍ほどに増えている。さらに、イノシシは7ヶ月から2歳齢までⅠ型が13.4％から17.0％に増え、Ⅱb型が33.8％から25.7％に減少する。しかし、統計的には有意な変化ではなく、7ヶ月齢までに筋線維型の変化が終わったことが示唆された。大ヨークシャー種でも7ヶ月齢から2歳齢までは筋線維型割合の有意な変化はない。

　筋線維断面積（図3）の変化を見ると、3週齢から7ヶ月齢まで急速に面積が肥大する事がわかる。イノシシでは、Ⅰ、Ⅱa、Ⅱx、Ⅱbの筋線

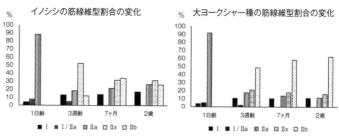

図2. 成長に伴うイノシシと大ヨークシャー種の
胸最長筋の筋線維型割合（上）と断面積（下）の変化

（文献Ⅴ-1）p167，Table2より作成

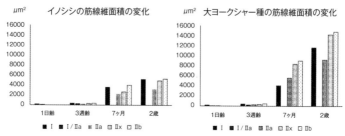

図3. 成長に伴うイノシシと大ヨークシャー種の胸最長筋の筋線維面積の変化

（文献Ⅴ-1）p171，Table3より作成

維面積は約10倍増加したが、大ヨークシャー種ではⅡx、Ⅱbの面積が
20倍まで増加している。その後、2歳齢まで面積は増えるが、肥大は鈍
化する。それでもイノシシでは各線維型は約1.5倍に増加する。大ヨー
クシャー種ではⅡ型が1.6倍程度に、Ⅰ型線維割合は2.8倍も肥大して
いる。

　この研究から明らかなように、家畜化に伴って出生時には存在しない
速筋型の解糖性筋線維（Ⅱb）が、成長に伴いイノシシ、大ヨークシャー
種の両方で出現し、この筋線維割合と肥大が起こり、特に家畜化された
大ヨークシャー種で大きいことがわかる。家畜化された大ヨークシャー
種では面積割合と面積の積である絶対面積はⅡb型がかなり大きく、筋
肉量の増大と関連していることがわかる。

　イノシシと豚の比較では、RuusunenとPuolanne（2004）も一般の出荷体重（105.1kg）の肉豚と野生のイノシシ（1〜3歳、体重29.2〜72.7kg）の最長筋、半膜様筋、殿筋、棘下筋、咬筋の筋線維型割合と面積及び毛細血管密度を報告している。速筋タイプとして最長筋、半膜様筋、殿筋を、遅筋タイプとして棘下筋と咬筋を調べている。

　筋線維型割合を見ると、速筋型の最長筋、半膜様筋、殿筋ではイノシシが豚よりもⅡa型が多く、逆に豚はⅡb型がイノシシより多い。遅筋型の咬筋ではⅠ型とⅡa型が豚とイノシシでは対照的な割合を示している（図4）。また、筋線維面積では、イノシシは全ての筋線維型の面積がほぼ同じだが、豚では、特に速筋である最長筋、半膜様筋、殿筋のⅠ型、Ⅱa型線維よりもⅡb面積が顕著に大きい（図5）。さらに、毛細管密度はイノシシが豚より高く、高い酸化能力を示している（図6）。特に速筋ではイノシシとの差が大きいことから、イノシシの年齢、栄養状態が不明なので断定的なことは言えないが、豚の筋肉の機能が低下しているのではないかと著者は疑問を投げかけている。この報告では、豚がイノシシと比べ特にⅡb型の面積が大きい事は、家畜化に伴う筋肉量の増加と関連していると推測している。筋肉の増加は、筋線維数の増加か筋線維面積の増加、あるいは両方の増加により決まる。

　これに関連して、RuusunenとPuolanne（2004）は、デンマークでのランドレース種の20年間の育種改良により、成長率が異なる二群の筋肉特性を調べた。改良されたランドレース種は同じ体重になるのに未改良のランドレース種と比べ25日も早く屠殺体重に達し、速筋である解糖型Ⅱb型割合が増え、酸化型Ⅰ型割合が減少した。しかし、筋線維面積は変化せず、毛細管密度も大きいことから、選抜された豚は筋線維数が多いと紹介している。

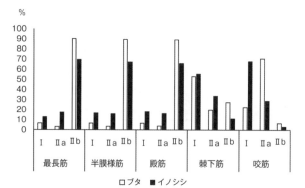

図4. 筋肉別ブタとイノシシの筋肉線維型割合の比較

（文献Ⅴ‐2）p536, Table1 より作成

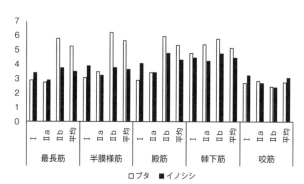

図5. 筋肉別ブタとイノシシの筋肉線維型面積の比較

（文献Ⅴ‐2）p536, Table1 より作成

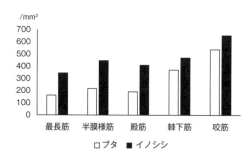

図6. 筋肉別ブタとイノシシの毛細管密度の比較

（文献Ⅴ‐2）p536, Table1 より作成

2．近代種と希少品種の比較

　次に、近代種でも発育などが遅いバークシャー種、Tamworth などの品種と発育産肉能力の高いデュロック種、大ヨークシャー種の筋線維型割合を比較した Changa ら（2003）の報告を紹介する。

　品種は、デュロック種（D）、大ヨークシャー種（LW）と希少品種としてバークシャー種（B）とタムワース種の４品種12頭ずつ合計48頭を用いた。21週齢で屠畜後30分以内に白色速筋の代表として背最長筋を、赤色遅筋として大腰筋を採材し、免疫組織化学的方法で筋線維型割合を測定した。図7から、筋肉の種類により筋線維型割合が異なる事がわかる。また、部位による筋線維型の違いに比べると品種間の筋線維割合の違いは小さい。最長筋は大腰筋よりⅡa、Ⅱxが少なく、逆にⅡbが多い。デュロック種は、最長筋と大腰筋のⅠ型筋線維が最も多く、大腰筋のⅡa型線維も多い。大ヨークシャー種は大腰筋のⅡb線維割合が高く、タムワース種はⅡb割合がいずれの筋肉でも少ないことがわかる。これらの筋線維割合とpH、肉色、保水性などとの関連を検討の結果、部位間ではいずれも有意な差が認められ、大腰筋は背最長筋と比べⅡaとⅡx型線維割合が高く、24時間後のpHが高くてドリップロスが少ない。さらに、L値*（肉の明るさ）、a*値（赤色度）、b*値（黄色度）も高い。このことから、ⅡaとⅡx線維型が食肉の品質決定に重要であることを指摘している。しかし、品種間の比較、筋線維とこれらの測定値との相関が

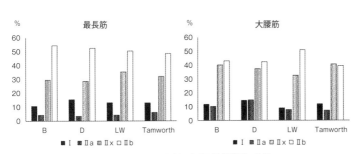

図7. 希少品種と近代種の部位別筋線維型の比較

（文献Ｖ - 3）p98，Table1より作成

必ずしも品種で一致した結果は得られていない。この報告では、バークシャー種は両方の筋肉でⅡbの割合が多く、Ⅰ型が比較的少ない。

前章で紹介したRyuら（2008）は、Changaらよりも頭数の規模を増やし、バークシャー種、ランドレース種、大ヨークシャー種、LWD三元交雑豚の背最長筋の筋線維型と肉質との関連を検討した。バークシャー種はⅠ型線維割合が最も高く、逆にⅡb型線維割合が他の品種より低い。筋肉pHが有意に他の品種より高く、ドリップロスとL*の値が最も低いことから、筋線維型から肉質の変異が説明可能としている。

これらの報告の他にも中国豚やイベリコ豚の筋線維を近代種と比較した報告があり、いずれもⅠ型とⅡb型筋線維の違いを報告しているが、イノシシのⅡbの割合（7ヶ月齢で33.8%）ほど低くはなく、ランドレース種の86.93%に対してイベリコ豚は83.89%となっている。イノシシから家畜化され、それぞれの品種が作られる過程で筋線維型も家畜化の用途により変異してきたものと思われるが、成長能力の遺伝的改良によりⅡb型の割合が増えてきていることは確かなことと考えられる。筋線維型は生きている豚の様々な代謝に関連しているので、死後もその機能に応じて変化し、それぞれの品種の肉質特性となっている事が予想される。

3. 筋線維型と肉質との関係

イノシシと豚では筋線維型割合が異なること、現在飼育されている品種間でも筋線維型割合が異なること、品種内でもそれぞれの国や集団での育種改良の目標により異なった筋線維型に変化してきている。

筋線維型と肉質特性の関連に関して多くの報告があるが、韓国のKimら（2018）が行った試験が参考になる。613頭の肥育豚について、出荷前に生体バイオプシーにより最長筋の筋肉を採材、その後、屠殺して最長筋からサンプルを採材した。組織化学的に筋線維型を判定し、筋肉サンプルからpH、保水性、肉色などを測定した。

生きている豚からバイオプシーで採材した筋肉と、屠畜後に採材した同じ筋肉の筋線維型割合について、Ⅰ型で0.75、Ⅱb型で0.51の有意な

相関が得られ、生体での筋肉線維型割合の有効性が確認された。さらに、この筋肉線維型割合を3つのグループにクラスター化して肉質を評価した（表2）。その結果、Ⅰ型筋線維割合が多いクラスター1と最も少ない3との間ではⅠ型線維割合が約6％異なり、一方、Ⅱb型線維割合も14.1％の違いが認められた。そして、クラスター1は最もpHが高く、ドリップロスが少なく、L*値から判定される肉色は暗い色と判定された。この結果から、Ⅰ型線維割合の多いクラスター1が全体として肉質が優れると評価を下している。

表2. バイイプシー採材筋肉線維型クラスター別肉質

(文献Ⅴ-5) p132、Table1より作成

	形質	クラスター1	クラスター2	クラスター3
バイオプシー	m	125	214	274
%	Ⅰ	16.7 [a]	13.4 [b]	9.6 [b]
	Ⅱa	13.5 [b]	9.1 [b]	6.4 [c]
	Ⅱb	69.9 [c]	77.6 [b]	84.0 [a]
と畜後	Ⅰ	15.3 [a]	13.5 [b]	10.1 [c]
%	Ⅱa	8.6 [a]	8.0 [ab]	7.5 [b]
	Ⅱb	76.1 [c]	78.5 [c]	82.5 [a]
肉質	ph45分　mm	6.6 [a]	6.5 [b]	6.3 [c]
	ドリップロス　%	2.1 [a]	2.4 [b]	2.6 [a]
	L*	45.7 [ab]	45.6 [b]	46.3 [a]
	NPPCカラー	2.6 [a]	2.6 [a]	2.4 [b]
	NPPCマーブリング	1.5	1.6	1.5

　ところで、肉質評価の形質としては柔らかさ、多汁性の他に、香り、味がある。特に、味はグルタミン酸やイノシン酸含量などが関連しているとされているが、果たして筋線維型との関連はどうなのか気になる。これに関して、千国（2013）らは、LWD三元交雑豚を使い、80kgと110kgでそれぞれ4頭ずつ屠殺し、遅筋型の横隔膜、半棘筋、咬筋、速筋型の大腰筋、胸最長筋、半腱様筋の一部を採材してミオシン重鎖アイソフォームを判定し、さらにイノシン酸含量を分析した。遅筋型の割合は筋肉の順番に56.1、51.5、39.7、24.0、10.2、7.8％だった。この値は、イノシシと豚について筋肉種別に筋線維割合を比較したRuusunenらの報告と類似している。味に関連するイノシン酸含量は、速筋型の胸最長筋、

大腰筋、半腱様筋でそれぞれ、5.28、4.99、4.83 μmol/gだった。遅筋型の半棘筋、咬筋、横隔膜では3.28、2.28、2.07 μmol/gであり、イノシン酸は速筋型（IIb）に有意に多く含まれていた。解糖型である速筋では屠畜後のpHが有意に低く、乳酸が多く産生される。屠畜後の死後硬直では嫌気的条件下で筋収縮がおこり、解糖系が主なATP供給源のため、解糖系が発達している速筋型筋肉ではATP分解物の総量も多い。ATP分解物総量はイノシン酸含量と高い相関があることなどを紹介している。この結果から、IIb型筋肉を増やすことがイノシン酸含量を増やし、味の良い肉質になる可能性が高いことが示唆された。この研究は筋線維型割合が全く異なる種類の筋肉間でイノシン酸含量が異なることを明らかにしたものだが、同じ胸最長筋で筋線維型が異なる場合、イノシン酸含量も果たして異なるのかどうかが重要である。IVで紹介したしもふりレッド（D1）は、同じデュロック種のD2、L、W、Y、Bなどと比べ胸最長筋のI型筋線維割合が多いが、イノシン酸含量については統計的に有意な品種間差は認められなかった。

VI. 肉質の遺伝的改良

1. 発育、産肉能力の改良の状況

　豚の家畜化は、紀元前11000年頃～紀元前8500年頃の初期新石器時代に近東、中国およびヨーロッパの地域で起こり、その後、地域、飼育環境の違いにより異なる体型の様々な品種が作られた。世界では約100品種が存在し、そのうち特に優れた品種として世界で飼育されているのは約30品種である。同じ品種でも各国の用途や改良目標の違いにより、発育、赤肉と脂肪割合などが異なる。表1に示したように育種改良対象形質は、1960年～1980年代の発育、産肉、産乳量などから2000年代以降は肉質形質、繁殖能力、さらには抗病性などに変化してきている。

表1. 家畜の育種改良対象形質の変化

		1960年代	1970年代	1980年代	1990年代	2000年代	2010年代	2010年代以降
発育能力	増体量、飼料要求率	+++	+++	+++	+++	++	++	++
産肉、産乳能力	赤肉量、枝重、乳量、乳脂質	+++	+++	+++	+++	++	++	++
肉質形質	IMF、保水性、肉色				+	++	+++	+++
繁殖能力	産卵率、産子数、受胎率				+	++	+++	+++
抗病性	乳房炎、肺炎					+	++	+++
福祉	社会的適応能力、競合性						+	++

　海外では、米国のPIC社、デンマークのDanbred、オランダのTopigs Norsvin、Hypor社、英国のJSRGeneticsなどの育種企業が世界市場の約50%を占めるまで発展してきている。これらの企業が販売する種豚の日本国内でのシェアは20%以上に増加してきていると推定される。いずれの国でも1990年代以降、豚個体の表現型測定データと血縁情報から、

環境効果を補正して遺伝的能力である育種価を推定する統計遺伝学的手法であるBLUP法（Best Linear Unbiased Prediction）の利用により、発育、産肉能力や繁殖能力が劇的に改良されてきている。

Chenら（2002年）は、1985年から2000年までの15年間に米国で能力検定された大ヨークシャー種、ハンプシャー種、ランドレース種、デュロック種の遺伝的能力の変化を推定した。その結果、一日平均赤肉成長率は、2.35g/年（15年で35.25g）、検定日数は-0.4日/年（同6日短縮）、背脂肪厚は-0.39mm（同5.85mm）、ロース断面積は0.37cm²/年（同5.55cm²）それぞれ改良されたと報告している。Fixら（2010年）も同様に米国での1980年から2005年までの25年間の発育形質に関する遺伝と栄養条件の影響について、出荷日数は15％短縮し、赤肉効率を45％高めたと報告している。このように遺伝的改良が継続して行われている。

EUでも1990年から2000年までの10年間で、ヨーロッパの豚育種プログラムは、+20g/日の一日平均増体量、+0.5％の赤身肉％、および+0.2子豚/同腹子豚数の年当たり遺伝的改良が実現したとしている（Merks、2000）。欧米ではその後、年間一腹当たり離乳頭数の改良が急激に進み、30頭を超える繁殖母豚が日本国内でも導入されていることは周知の事実である。

一方、我が国では約1,600万頭の肉豚が生産されているが、肉豚生産の基となる純粋種は、①国内のブリーダーや育種企業、②国の改良センターや都道府県が造成した系統豚、③海外の育種企業から供給されており、それぞれ、60％、20％、20％程度のシェアと推定される。近年では、②の系統豚が減少し、③の海外の種豚の割合が増えていると推測される。このうち、昭和45年に開始された豚の系統造成は、ランドレース種、大ヨークシャー種、デュロック種など純粋種の改良に大きな貢献を果たしてきた。

令和2年現在での系統数はランドレース種、大ヨークシャー種、デュロック種の完成系統数はそれぞれ44、25、14系統あり、そのほかに、バークシャー種が4系統、ハンプシャー種が5系統、合成種が2系統と合計94の系統豚が認定され、現在26の系統が維持利用されている。こ

れらの純粋種の発育能力は図1に示すとおり、ランドレース種、大ヨークシャー種、デユロック種のいずれも発育能力を中心に改良が進んだ。年代時期により能力検定の期間が体重30kg 〜 90kgと30kg 〜 105kgと異なるものの、造成初期の時代の700g/日前後から近年では1,000g/日を超える能力の系統豚が造成されてきている。しかし、背脂肪厚（図2）やロース断面積については、年次に伴う系統豚の能力の変化は小さくなっ

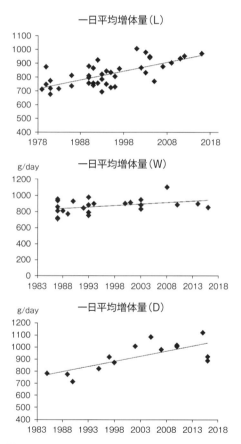

図1. 系統豚の認定時一日平均増体量（日本養豚協会提供のデータをプロット）
L：ランドレース種、W：大ヨークシャー種、D：デユロック種
（体重30kg 〜 90kg、体重30kg 〜 105kgの測定値が混在）

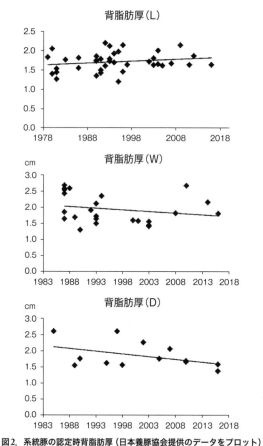

図2. 系統豚の認定時背脂肪厚（日本養豚協会提供のデータをプロット）
L：ランドレース種、W：大ヨークシャー種、D：デュロック種
（2cmを超える値は、カタ・セ・コシの平均値、他は、体長1/2部位か背の測定値）

ている。これは、（公社）日本食肉格付協会の枝肉格付評価基準が枝肉重量と皮下脂肪厚に重きが置かれ、特に背脂肪厚については厚すぎず薄すぎない一定の厚さの皮下脂肪厚の枝肉の格付評価が高い事と関係があると思われる。このため、いずれの品種とも適度な程度の脂肪厚が改良目標となっている。また、大ヨークシャー種やランドレース種の肉質などは調査されていない。

2. 海外での産肉、肉質形質に関する研究

　発育、産肉、肉質形質などが親から子供に遺伝する指標として遺伝率が、また、2つの形質間の遺伝的関連を示す値として遺伝相関が使われている。遺伝率は0から1の間、遺伝相関は-1から1の間の数字で表される。様々な形質を測定すると個体により値はばらつく。このばらつきである分散は、測定値全体の平均値から各個体の値の差を二乗して個体数で除して計算できる（Σ（平均値 - 測定値）^{2}/N）。測定値の分散を表型分散（$\sigma_P{}^2$）と呼び、測定値を父親、母親別に分類して表型分散を父親由来分散（$\sigma_s{}^2$）、母親由来分散（$\sigma_d{}^2$）、さらに、母親を同じとする数頭の子ども由来の分散（誤差分散：$\sigma_e{}^2$）に分割すると、$\sigma_P{}^2 = \sigma_s{}^2 + \sigma_d{}^2 + \sigma_e{}^2$、さらに、遺伝分散：$\sigma_A{}^2 = 4\sigma_s{}^2$、又は、$\sigma_A{}^2 = 2(\sigma_s{}^2 + \sigma_d{}^2)$ から、遺伝率：$h^2 = \sigma_A{}^2 / \sigma_P{}^2$ が推定される。

　つまり、遺伝率とは、表型分散に占める遺伝分散の割合で、バラツキの原因がどの程度遺伝によるものかを示す指標となる。同様に、2つの形質X、Yの遺伝共分散 $\sigma_{A(XY)}$ を形質X、Yの遺伝分散の平方根で除して遺伝相関：$r_G = \sigma_{A(XY)} / (\sigma_{A(X)}{}^2 \sigma_{A(Y)}{}^2)^{1/2}$ が推定できる。これらの値は、測定データと血統情報により専用の計算プログラムを使って推定する。

　肉質に関する遺伝率推定について、Ciobanuら（2011）は、これまで報告されている研究報告から表2に示した遺伝率推定値をまとめている。この報告には、様々な品種や集団のデータが含まれており、値の範囲がばらついているが、中間値が目安と考える。肉質形質は一般に低から中程度の遺伝率であり、0.10から0.30の間の値を取る。機器での測定や実際に食べて検査する官能テスト項目では、柔らかさが香りや多汁性などの形質より高く、肉色の明るさ（$h^2 = 0.15 \sim 0.57$、平均0.28）は保水性のクッキングロスとドリップロス（平均0.16）やpH（平均0.21）などより高い値である。また、筋肉の脂肪含量、脂肪酸組成のステアリン酸、オレイン酸なども比較的高く、遺伝の関与が大きい事がわかる。

表2. 肉質形質の遺伝率推定値

（文献VI-3）p358，表15.1より作成

形質		文献数	遺伝率
肉質形質			
	pH1	14	0.04-0.41
	pHu	33	0.07-0.39
	肉色	29	0.15-0.57
	保水性	15	0.01-0.43
	ドリップロス	10	0.01-0.31
	クッキングロス	9	0.00-0.51
	肉質指数	13	0.11-0.33
食味性			
柔らかさ	器械測定	10	0.17-0.46
柔らかさ	官能テスト	9	0.18-0.70
香り	官能テスト	6	0.01-0.16
多汁性	官能テスト	8	0.00-0.28
全体評価	官能テスト	2	0.16-0.34
筋肉構成成分			
	水分割合	7	0.14-0.52
	脂肪割合	19	0.26-0.86
	蛋白質割合	1	-
	グリコーゲン割合	3	0.25-0.90
脂肪酸組成			
ステアリン酸	$C18:0$	3	0.30-0.57
オレイン酸	$C18:1$	3	0.59-0.67

　次に、産肉能力の改良が肉質に及ぼす影響（遺伝相関から推定）に関する海外の報告をみると、オランダのHovenierら（1992）、フランスのSellierら（2010）をはじめとする多くの研究結果から、肉質形質に配慮せずに背脂肪厚を薄く、赤肉割合、発育を高める方向への選抜は肉質を低下させることが示唆されている。Ciobanuら（2011）によれば、枝肉の赤肉割合と最終pH、肉色、保水性との間には低いが好ましくない遺伝相関が、筋肉内脂肪との間に中程度の負の遺伝相関が、さらに官能テスト項目の多汁性や総合評価との間に-0.18から-0.48の遺伝相関があると報告している。

　また、一日平均増体量と肉質形質との間には好ましくない関連は認められないとする報告（Miarら2014、Hermeschら2000）がある一方で、vanWijkら（2005）によれば、一日平均増体量とpH、保水性、肉色との間に好ましくない遺伝相関が認められている。Hermeshらによれば、赤

肉割合を増加させることは筋肉内脂肪を減少させ、屠殺45分後のpHを低下させる。さらに、赤肉割合に関する20年以上の長期の選抜が筋肉内脂肪を減少させ、肉の柔らかさとロース肉の香りを低下させるとする報告（Schwabら2006）もある。

　生産コストの60%以上を占める飼料節約のため、飼料要求率の改良は重要だが、飼料要求率と屠畜45分後のpH、肉の明るさ、ドリップロスとの間に中から高の負の遺伝相関を示すことから、飼料要求率に関する選抜は肉質に好ましくない影響をもたらす（Hermeschら）。飼料効率に関する選抜は遺伝的に肉色が濃く、加熱損失率を多くする報告（Hoqueら2007）もある。

　まとめると、品種の違いや同じ品種でも国や集団が異なると遺伝率や遺伝相関の値は異なる値を示すので、対象集団について、産肉、肉質形質の遺伝的特性を調べて置くことが重要である。一般的には、赤肉割合を増やし、飼料要求率や余剰飼料摂取量を改善する方向への改良は、肉質には悪い影響をもたらすこととなる。適度な脂肪厚の枝肉が上位に格付けされる現行の日本の枝肉格付規格は、国産豚豚肉の肉質の良さを維持する役割を果たしていると言える。

3. 肉質形質の改良試験の紹介

　次に、国内及び海外で肉質形質を直接の選抜形質とした試験研究を紹介する。

1) 筋肉内脂肪を改良形質とした試験（しもふりレッド）

　国内での肉質を選抜形質とした系統造成の取り組みは、平成2年に開始し平成9年に認定された東京都のトウキョウXが最初（兵頭1997）である。北京黒豚、バークシャー種、デュロック種の3品種を基礎に一日平均増体量、背脂肪厚、ロース断面積に加え筋肉内脂肪割合を改良形質とした。その後、宮城県が平成6年にデュロック種について同様に4つの形質を改良形質として取り組み、平成13年に完成した（Suzukiら2005a）。

平成16年には全農と鳥取県がデユロック種について筋肉内脂肪を改良形質として取り組み、それぞれ平成21年と平成22年に完成した。また、平成22年には家畜改良センターが筋肉内脂肪を、平成23年には静岡県、茨城県がそれぞれ剪断力価、筋肉内脂肪を改良形質として平成27年、平成28年に完成している。山梨県は東京都と同様にデユロック種とバークシャー種を基礎豚とした合成系統豚を平成17年から平成24年にかけて完成している。このように平成に入り、肉質重視の系統豚造成が行われ、現在までに合成豚2系統、デユロック種6系統が完成している。こうした取り組みの中で肉質関連の詳細な分析の報告は少ない。宮城県が実施したしもふりレッドの研究内容を紹介する。この選抜試験では、Tenderness、保水性、pH、肉色、コラーゲン含量などの肉質形質、皮下脂肪内層と外層、筋肉間と筋肉内脂肪の脂肪酸組成、画像解析による枝肉切断面の皮下脂肪と内臓脂肪蓄積、IGF-1、レプチンなどの血中ホルモンを測定している。

(1) 選抜反応

　図3と4にそれぞれ選抜形質の選抜反応と肉質形質の相関反応を示した。選抜に伴い、一日平均増体量、筋肉内脂肪は着実に増加し、ロース断面積も太くなった。一方、肉の柔らかさ（TEND）の値が下がり、肉が柔らかくなった。肉色標準模型の値も下がったことと肉色の明るさを示すL*値が増加したことから肉色が淡くなった。さらに、pHも下がった。

(2) 肉質形質の遺伝率

　選抜形質（一日平均増体量、ロース断面積、背脂肪厚、筋肉内脂肪）と相関形質である肉質形質の遺伝率を表3に示した。筋肉内脂肪、肉の軟らかさの遺伝率は0.39、0.45と比較的高い遺伝率であり、改良が比較的容易なこと、肉色標準模型（PCS）値（0.18）、肉の明るさを示すL*値（0.16）、保水性を示すドリップロス24時間後（0.14）、クッキンギロス（0.09）はいずれも低い遺伝率だった。表には示していないが皮下脂肪内

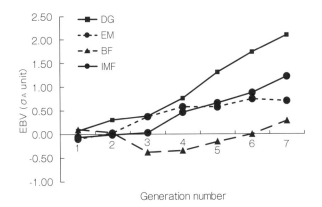

図3. 選抜に伴う選抜形質

（一日平均増体量：DG，ロース断面積：EM，皮下脂肪厚：BF，筋肉内脂肪：IMF）の
相加的遺伝効果標準偏差単位で表示した育種価の変化
（文献VI-13) p2064，図1より引用

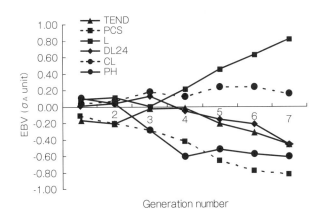

図4. 選抜に伴う肉質形質

（TEND：柔らかさ，DL：ドリップロス，CL：クッキングロス，PCS：肉色標準模型値（1 - 5，明るい- 暗い），
L：明るさ，PH：pH，IMP：電気伝導度，COL：総コラーゲン量）の
相加的遺伝効果標準偏差単位で表示した育種価の変化.
（献VI-13) p2064，図2より引用

表3. 選抜形質、肉質形質の遺伝率

(文献VI-13) p2061，表1より引用

形質	略字	単位	頭数	Mean	sd	遺伝±標準誤差
一日平均増体量	DG		1642	873.6	109.3	0.47 ± 0.02
ロース断面積	EM	cm²	1639	37	4	0.45 ± 0.02
背脂肪厚	BF	cm	1642	2.37	0.43	0.72 ± 0.02
筋肉内脂肪	IMF	%	544	4.25	1.46	0.39 ± 0.02
柔らかさ	TEND	kgf/cm²	545	72.52	12.71	0.45 ± 0.02
ドリップロス	DL	%	543	2.21	1.31	0.14 ± 0.01
クッキングロス	CL	%	545	24.7	3.33	0.09 ± 0.02
肉色標準模型値	PCS		541	3.42	0.46	0.18 ± 0.02
明るさ	L		43	48.44	3.16	0.16 ± 0.02
pH	PH		515	5.97	0.43	0.07 ± 0.02
電気伝導度	IMP	Ω	232	486.3	163.9	0.22 ± 0.03
総コラーゲン	COL	%	225	0.51	0.14	0.23 ± 0.05

層、外層の融点の遺伝率はそれぞれ、0.61、0.56と高く、脂肪酸組成では内層、外層ともステアリン酸（C18：0）が最も遺伝率が高くそれぞれ0.51、0.54だった。

(3) 産肉・肉質形質間の遺伝相関

　表4には選抜形質と肉質形質との遺伝相関を示した。一日平均増体量は筋肉内脂肪と正の中程度の0.25、肉の軟らかさとは-0.44の負の中程度の遺伝相関を示し、発育の改良が肉の軟らかさと関連していることが示唆された。一方、ロース断面積は筋肉内脂肪と中程度の負の（-0.26）、肉の軟らかさとは正（0.32）の弱い遺伝相関を示し、ロース断面積を増やすことは筋肉内脂肪を減らし、肉を硬くする。皮下脂肪厚は筋肉内脂肪と0.28の中程度の正の遺伝相関を示し、肉の軟らかさとは-0.59の比較的高い負の好ましい遺伝相関を示した。このように、発育形質の改良は筋肉内脂肪や肉の軟らかさにとっては好ましいが、ロースの太さの改良はこれらの肉質形質にとってはマイナスの効果をもたらすこと、さらに、背脂肪厚の薄い方向への改良も好ましくない結果をもたらすことが示された。

表4. 選抜形質と肉質形質との遺伝相関

(文献Ⅵ-13) p2062，表2より作成

形質	DG	EM	BF
IMF	0.25	-0.26	0.28
TEND	-0.44	0.32	-0.59
DL	-0.14	0.64	-0.25
CL	0.10	-0.01	-0.30
PCS	-0.33	-0.08	-0.13
L	0.33	-0.13	0.55
PH	0.24	-0.4	0.47
IMP	-0.28	-0.69	0.29
COL	0.04	0.19	-0.35

略字は表3を参照

(4) 肉質形質間の関連

　肉質形質間の遺伝相関を表5に示した。筋肉内脂肪と肉の軟らかさとの遺伝相関は-0.09であり、筋肉内脂肪は肉の軟らかさと必ずしも関連はない。ただし、この試験では屠殺翌日に肉の柔らかさを測定している。熟成が必ずしも進んでいないため筋肉内脂肪との相関が低い結果になったとも考えられる。屠殺数日後の肉を使った測定が一般的であり、それらのデータでは中程度の負の遺伝相関、すなわち筋肉内脂肪の多い肉は柔らかいことが報告されている。肉の軟らかさと遺伝相関が最も高いの

表5. 肉質形質間の遺伝相関 (Suzukiら2005、J. Anim. Sci)

(文献Ⅵ-13) p2063，表3より引用

形質	TEND	DL	CL	PCS	L	PH	IMP	COL
IMF	-0.09	-0.70	-0.42	-0.05	0.42	-0.51	0.31	0.43
TEND		0.04	0.24	0.59	-0.59	-0.16	0.26	0.26
DL			0.01	-0.31	0.06	0.20	-0.60	-0.09
CL				-0.13	-0.22	0.21	-0.28	-0.64
PCS					-0.80	0.16	0.68	0.29
L						-0.10	-0.28	-0.17
PH							0.28	-0.42
IMP								0.20

略字は表3を参照

は肉色標準模型（PCS：0.59）であり淡い肉色の肉が軟らかいことを示す。筋肉内脂肪とドリップロス24hおよびクッキングロスとの遺伝相関はそれぞれ-0.70および-0.42と高く、筋肉内脂肪含量の多い方向への改良はドリップロス、クックングロスを低下させる。さらに、肉の柔らかさと全コラーゲンとの遺伝相関は0.26と低い値だった。肉の柔らかさは結合組織を構成するコラーゲンの量とは関連が低い。筋線維型の種類、筋線維の太さ、筋周膜の厚さ、筋肉内脂肪、タンパク質分解酵素であるカルパイン活性などの遺伝的要因が柔らかさを左右する要因と考えられるが、これらが複合的に関与している可能性も考えられる。

　近年、美味しさとの関連でオレイン酸（C18：1）が注目されている。表には示してないが、加熱損失率（CL）はC14：0、C16：0、C18：0など飽和脂肪酸と適度な正の遺伝相関（0.56、0.47と0.47）を示す一方で、オレイン酸（C18：1）とは負の高い遺伝相関を示し（-0.61）、オレイン酸を増やすことが遺伝的に加熱損失率を少なくする事が示唆された。さらに、飽和脂肪酸が肉色（PCS, 明度：L*）の明るさと、逆に、多価不飽和脂肪酸（C18：2）が肉の暗さと遺伝的に関連している。つまり脂肪酸組成の飽和度が増加すると脂肪の融点が高くなり、脂肪の白さが増して肉は明るくなることが示唆された。

2）筋肉内脂肪を改良形質とした試験（アイオワ州立大学）

　アイオワ州立大学では、デユロック種について超音波探傷器を使い、筋肉内脂肪に関する選抜の効率が高まるかどうかを評価するための試験を1998年から始めた。超音波探傷器で生体での筋肉内脂肪を測定すると同時に、実際には、豚をと殺してロースの筋肉内脂肪を測定し、この値を使って筋肉内脂肪を高める方向へ6世代の選抜を行った。選抜の効果を評価するため無選抜の対照群を設け、雄雌をランダムに選び、世代を更新した。

(1) 選抜反応

　6世代の選抜の結果、実際に測定した筋肉内脂肪は対照系（2.41%）に
対して選抜系（4.53%）が88%増え、超音波探傷器による測定値も対照系
（3.09）に比較し選抜系（4.55%）が47%増加した。しかし、相関反応とし
てロース断面積は細くなり、皮下脂肪厚は厚くなった。さらに、機器に
よる肉の柔らかさが増し、官能試験による香りと悪い香りが改善された
としている。肉質のpH、保水性、クッキングロスは変化せず、結論と
して超音波探傷器による改良の可能性が確認されたこと、筋肉内脂肪を
高める選抜は、枝肉の構成（赤肉割合と脂肪割合）を変える事が示唆され
たと報告している（Shwabら2009）。

(2) 肉質形質の遺伝率

　表6に肉質形質の遺伝率を示した。筋肉内脂肪について、化学分析値
（CIMF）と超音波探傷器（UIMF）による推定値は、適度な遺伝率、枝肉
皮下脂肪厚とロース断面積は比較的高く、肉色、pH、機器測定のインス
トロン柔らかさも0.3程度の適度な値であるが、3人の訓練パネルによ
る官能評価項目は0.1前後の低い遺伝率だった。

表6. デユロック種選抜集団の肉質の遺伝率推定値

（文献VI-15) p73, 表1より作成

形質		略字	平均値	標準偏差	遺伝率
枝肉筋肉内脂肪	%	CIMF	3.83	1.46	0.38
超音波筋肉内脂肪	%	UIMF	3.91	1.01	0.31
出荷日齢	日	AGE	180.58	10.40	0.04
枝肉皮下脂肪厚	mm	CBF	19.99	5.85	0.40
枝肉ロース断面積	cm²	CEM	40.77	5.41	0.61
肉色		C	3.27	0.62	0.30
pH		pH	5.69	0.14	0.38
肉色ハンターL値		HUN	47.63	2.65	0.50
インストロン柔らかさ	kg	INST	5.64	0.97	0.29
多汁性スコア		JS	6.10	1.25	0.09
柔らかさスコア		TS	6.27	1.41	0.19
香りスコア		FS	2.82	1.12	0.12

(3) 産肉、肉質形質間の遺伝相関

　表7には産肉、肉質形質間の遺伝相関を示した。化学分析による筋肉内脂肪割合と超音波探傷器による筋肉内脂肪推定値の遺伝相関が0.86と高い値が得られ、機器による測定の正確性が示された。また、pHが肉色(0.62)、柔らかさ(-0.60)、官能評価項目(0.78、0.43、0.73)と好ましい高い遺伝相関を示す結果が得られ、pHの重要性を指摘している。さらに、筋肉内脂肪は機器によるインストロン測定との負の遺伝相関(-0.31)や香りスコアと高い値(0.65)を示したこことから食味性を改善する効果があることを指摘している。

表7．デュロック種選抜集団の肉質の遺伝相関 (Schwab ら 2010、J. Anim. Sci)

(文献VI-15) p75, 表5より作成

	UIMF	AGE	CBF	CEM	C	pH	HUN	INST	JS	TS	FS
CIMF	0.86	0.16	0.42	-0.38	-0.16	0.01	0.52	-0.31	0.17	0.22	0.65
UIMF		0.18	0.59	-0.40	0.06	0.16	0.31	-0.25	0.12	0.05	0.60
AGE			0.13	-0.19	0.28	-0.16	0.00	0.63	0.17	-0.29	0.12
CBF				-0.77	0.06	-0.18	0.35	-0.38	-0.11	0.04	0.06
CEM					-0.02	0.11	-0.42	0.25	0.10	0.04	-0.18
C						0.62	-0.85	0.33	0.44	-0.16	0.34
pH							-0.60	-0.24	0.78	0.43	0.73
HUN								-0.39	-0.31	0.20	-0.06
INST									-0.30	-0.79	-0.32
JS										0.73	0.77
TS											0.51

1CIMF = 筋肉内脂肪割合；UIMF = 超音波筋肉内脂肪割合；AGE = 試験終了日齢；CBF = 第10胸椎皮下脂肪厚；CLMA = 第10胸椎ロース面積；C = 肉色；pH = 屠畜48h後のpH；HUN = 屠畜48時間後のハンターL値；INST = インストロンテンダーネス；JS, TS と FS = 官能検査によるそれぞれ多汁性、柔らかさ、香り得点

まとめ

　豚の育種改良の対象となる形質は、時代の変化に伴って消費者・流通業界、生産者の要望と育種改良技術の発展により変化してきた。TPPやEPAなど世界各国との自由貿易が進むことが確実となった現在、多頭飼育と多産系母豚を導入して生産効率を高めた豚肉生産も重要だが、肉質にこだわった豚肉生産により、消費者においしい豚肉を提供するため

の努力も必要である。そのためには、おいしさに関わる肉質の対象形質を決め、遺伝的改良による純粋種豚の改良が不可欠だ。筋肉内脂肪は肉質を左右する重要な形質であり、紹介した米国での試験成果が示すように屠畜せずに超音波探傷器を利用した育種改良も可能である。さらに、筋肉内脂肪だけが肉のおいしさを決定する要因ではない。遺伝率だけではなく遺伝相関などの情報も使い、テクスチャー、味、香りなどに特徴を持つ肉質重視の遺伝的改良が望まれる。

Ⅶ. ゲノム情報を活用した肉質改良

1. ゲノム研究の概要

　肉質を含む多くの経済形質の能力は、単一の遺伝子ではなく複数の多くの遺伝子と環境効果により制御されている。1980年代以降、コンピューター技術の進歩により環境効果を補正して動物個体の遺伝的能力（育種価）を推定するBLUP法などの統計遺伝学的手法により、対象とする経済形質の遺伝的改良が着実に進んできた。一方、1990年代からゲノム情報を活用し、肉質形質に関与する遺伝子の特定や、ゲノム情報を使い改良を効率的に進めようとする手法が研究されてきた。

　経済形質に関与する遺伝子を特定し、これを育種改良に活用することを目的とする研究は、(1) 機能が既知の遺伝子と経済形質との関連を検討する候補遺伝子解析（またはファンクショナルクローニング法）、(2) 候補となる遺伝子の推定ができない形質について遺伝子地図上の位置に基づいて未知の遺伝子を単離特定するポジショナルクローニング法または量的遺伝子（QTL：Quantitative traits loci）解析と呼ばれる二つの方法により進められてきた。QTL解析には、多数の遺伝マーカーと詳細な遺伝子地図および肉質など経済的形質データも持つ解析集団が必要となる。1994年にイノシシと豚の交雑集団を用いた最初のQTL解析が報告された。その後、多くの報告がなされ、いくつかの形質について責任遺伝子が特定された。当初は染色体毎に5〜10個で合計約100個程度のマイクロサテライトマーカーが遺伝マーカーとして使われていたが、現在では、一塩基多型（SNP：Single nucleotide polymorphism）マーカーが使われている。これは、全染色体上に約6万個のSNPを配置したチップを利用する。SNPチップはイルミナ社が1頭当たり1万5千円程度（一枚のプレートに24頭分搭載）（図1）の価格で販売されている。現在では、このSNPマーカーを従来からの統計遺伝学的手法による育種価推定に利用するゲ

ノム育種価による改良の取り組みが牛、豚ともに進められている。一方、候補遺伝子解析でも、既知の遺伝子の多型と肉質形質との関連研究から、いくつかの大きな効果を持つ遺伝子が特定されてきた。

図1. Illumina発売のPorcineSNP60 v2 Genotyping BeadChip
このチップ1枚で24頭の検査が可能。64,232個のSNP型をしらべることができる。

2. 肉質形質の QTL 解析

　量的形質遺伝子座（QTL）解析の研究状況について紹介する。豚のゲノム研究状況は、PigQTLdb（http://www.animalgenome.org/cgi-bin/QTLdb）に紹介されている。2020年現在で、豚では692の形質について30,871の候補遺伝子、あるいはQTLが報告されている。このうち肉質関係ではtextureが1,625、ドリップロスが1,092、筋肉内脂肪が754、pHが735、肉色が654と多く、ふけ肉に関するRyanodine Receptor1（RYR1）、加熱損失率に関与するRendent Napole（RN）/ PRKAG3（AMP-Activated Protein Kinase Subunit Gamma-3）、肉色や保水性に関与するPKM2（Pyruvate Kinase Muscle 2）、肉の柔らかさに関与するCAST（Calpastatine gene）などが含まれている。

　著者らもデュロック種系統豚しもふりレッドについて、2002年以降、マイクロサテライトマーカーを使ったQTL解析の研究に取り組んだ。従来、純粋種内集団でのQTL解析から遺伝子領域の検出は困難とされ

ていた。しかし、デユロック純粋種集団内で脂肪酸組成と脂肪蓄積に関
与する遺伝子領域をそれぞれ第14番と第6番染色体上に検出し（Soma
ら2011、Uemotoら2011a、2012a）（図2）、それぞれの領域にSCD遺伝
子（Uemotoら2011b）とレプチン受容体（Uemotoら2012b）を特定した。
そして、遺伝子のエキソン部分のSNP多型情報からそれぞれの相加的
遺伝子効果が全遺伝分散の2割から3割を占めることを明らかにした
（Uemotoら2011b：表1、2012b：表2）。さらに、胸椎数に関して第7番染
色体上に高度に有意な領域が検出された場所（Uemotoら2008）にVRTN
遺伝子が存在することをMikawaら（2011）が明らかにしたので、この集
団でも解析を行った結果、VRTN遺伝子のSNP多型により全遺伝分散の
95％の寄与率と大きな効果を持つメジャージーンであることを明らかに
した（Nakanoら2015、表3、表4）。期待された筋肉内脂肪に関しては第
7番染色体上に有意な領域を検出し、マーカー数を増やして検討したが
効果のある遺伝子を特定する事はできなかった。

　その後、国内でもマイクロサテライトマーカーからSNPチップパネ
ルを利用したGenome Wide Association Study（GWAS）の取り組みが進ん
だ。例えば、家畜改良センター集団を使い、SNPチップを用いたゲノム
ワイド相関解析により、産肉能力、肉質形質に関してSNPベースとハ
プロタイプベースで検出を試みた結果、SNPベースでは17の形質につい

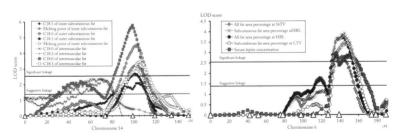

図2. 脂肪酸組成と融点（左）と、脂肪蓄積（右）に関して
第14番及び第6番染色体上に検出されたQTL領域

（x軸は染色体の連鎖地図の相対的位置、y軸はLODスコア値、二つの水平線は
閾値の有意性を、△はマーカーの位置を示す）

（左図：文献Ⅶ-3）p31．図1より引用、（右図：文献Ⅶ-5）p191．図2より引用

表1. 脂肪酸組成および脂肪融点に与える

脂肪酸不飽和化酵素 (SCD) 遺伝子のプロモーター領域内の SNP 効果

(文献Ⅶ-4) p227，表1より作成

形質	平均値	LRT[1]	P 値	相加的効果		優性効果		寄与率[2]
				平均値	SE	平均値	SE	(%)
皮下脂肪内層								
C16:0, %	27.04	9.0	1.1×10^{-2}	0.37	0.13	0.08	0.16	5.5
C18:0, %	16.96	21.5	2.2×10^{-5}	0.54	0.14	-0.11	0.18	9.9
C18:1, %	42.86	24.1	5.9×10^{-6}	-0.77	0.18	0.01	0.22	17.0
融点 , ℃	39.40	52.7	3.5×10^{-12}	1.34	0.20	-0.05	0.25	22.3
皮下脂肪外層								
C18:0, %	13.89	52.4	4.1×10^{-12}	0.80	0.12	0.11	0.14	22.1
C18:1, %	45.79	36.4	1.2×10^{-8}	-0.90	0.16	-0.15	0.20	24.1
融点 , ℃	34.67	48.0	3.8×10^{-11}	1.22	0.20	-0.10	0.25	27.1
筋肉間脂肪								
C18:0, %	15.43	12.6	1.8×10^{-3}	0.43	0.14	-0.07	0.18	6.1
C18:1, %	43.35	18.6	9.0×10^{-5}	-0.70	0.19	0.11	0.24	9.0
筋肉内脂肪								
C16:0, %	26.56	6.2	4.5×10^{-2}	0.12	0.11	-0.19	0.14	3.5
C16:1, %	4.48	14.5	7.1×10^{-4}	-0.18	0.07	0.02	0.08	5.1
C18:0, %	13.46	69.8	6.7×10^{-16}	0.69	0.10	-0.16	0.12	31.4
C18:1, %	48.38	38.7	3.9×10^{-9}	-0.78	0.16	0.21	0.19	30.5

[1] 尤度比検定統計量
[2] 寄与率 (%) は、全相加的遺伝分散に占めるプロモーター領域の SNP 効果の分散の割合 (%)

表2. 脂肪蓄積に与えるレプチン受容体 (LEPR) 遺伝子内の c.2002C > T SNP の効果

(文献Ⅶ-6) p380，表9より作成

形質	平均値	LRT[1]	P 値	相加的効果		優性効果		寄与率[2]
				平均値	SE	平均値	SE	(%)
背脂肪厚 (8 週齢時)，cm	10.10	97.3	7.4×10^{-22}	0.61	0.14	-0.62	0.15	23.6
背脂肪厚 (105kg 時)，cm	2.43	88.6	5.7×10^{-20}	0.15	0.03	-0.13	0.03	22.7
脂肪面積割合								
第 5-6 胸椎部位								
皮下脂肪面積割合, %	32.15	37.7	6.4×10^{-9}	0.61	0.36	-1.29	0.40	10.6
筋肉間脂肪面積割合, %	18.35	27.6	1.0×10^{-6}	0.79	0.29	-0.45	0.33	21.3
全脂肪面積割合, %	50.51	61.2	5.1×10^{-14}	1.40	0.47	-1.75	0.52	22.6
体長 1/2 部位								
皮下脂肪面積割合, %	34.66	58.7	1.8×10^{-13}	1.66	0.35	-0.54	0.39	27.6
筋肉間脂肪面積割合, %	15.70	15.2	5.0×10^{-4}	0.69	0.28	-0.15	0.32	11.8
腹部脂肪面積割合, %	7.54	16.0	3.3×10^{-4}	0.70	0.25	-0.03	0.28	15.4
全脂肪面積割合, %	57.91	78.1	1.1×10^{-17}	3.01	0.53	-0.75	0.58	39.3
最期胸椎部位								
皮下脂肪面積割合, %	35.11	51.3	7.4×10^{-12}	1.71	0.40	-0.66	0.45	23.4
筋肉間脂肪面積割合, %	11.44	17.1	2.0×10^{-4}	0.65	0.25	-0.07	0.28	20.8
腹部脂肪面積割合, %	10.10	20.5	3.5×10^{-5}	0.62	0.25	-0.30	0.28	11.0
全脂肪面積割合, %	56.65	71.6	3.3×10^{-16}	2.94	0.58	-1.09	0.64	39.0
血中レプチン濃度 (105kg 時), ng/ml	6.80	34.2	3.7×10^{-8}	1.28	0.66	-1.02	0.70	38.7

[1] 尤度比検定統計量
[2] 寄与率 (%) は、全相加的遺伝分散に占める c.2002C > T SNP 効果の分散の割合 (%)

表3. VRTN遺伝子型毎の胸椎数の頭数

（文献Ⅶ-9）p129，表4より作成

		VRTN 遺伝子型			合計
		Q / Q	Q / Wt	Wt / Wt	
胸椎数	13	0	0	1	1
	14	5	21	90	116
	15	46	202	19	267
	16	50	9	2	61
合計		101	232	112	445

表4. VRTN遺伝子型の胸腰椎数に関する効果

（文献Ⅶ-9）p130，表6より作成

Trait †	基本統計			尤度比統計量	p-value	q-value	相加的効果		分散
	N	Mean	SD				Mean	SE	
胸椎数	445	14.9	0.6	233.8	1.7×10^{-51}	2.2×10^{-50}	0.57	0.03	0.953
腰椎数	445	6.0	0.3	2.0	0.37	0.48	-0.03	0.02	0.015
胸腰椎数	445	20.9	0.6	2.0	2.7×10^{-49}	1.8×10^{-48}	0.53	0.03	0.856

† VRTN遺伝子多型により説明される相加的遺伝の割合

て23のゲノムワイドで有意なSNP領域、ハプロタイプベースでも4つの形質について6つのゲノムワイドで有意な領域が検出された（Satoら2016）。これらの中で、第7染色体上の103Mbでは椎骨数、と体長と有意に関連する前述した効果の大きいVRTN遺伝子が位置していた（Satoら2016）。また、脂肪酸組成に関してもSCD、FASN遺伝子の効果が確認された（Satoら2017）。

　多くの形質は単一の遺伝子により支配されている例は少なく、VRTN遺伝子以外は、影響力の大きい遺伝子でも全体の遺伝分散の20 ～ 30%であり、他の遺伝子の関与が示唆される結果となっている。そのため、この10年前からGWASの研究報告は国際的にも減少し、代わってMeuwissenら（2001）により提案されたSNP情報をBLUP法による育種価推定に活用するゲノム育種価の利用に急速にシフトしてきている。

3. 肉質に対して効果が大きい遺伝子

　候補解析により肉質形質に関して比較的大きな効果を持つことが明らかな遺伝子を表5に示した。

表5. 効果の大きい遺伝子

（文献VII-14）p294, 表10-2より作成

形質	遺伝子座	原因遺伝子	遺伝子名	染色体番号
ストレス症候群	PSS	RYR1	Ryanodine receptor 1	6
酸性肉	RN	PRKAG3	Protein kinase AMP-activated, γ 3-non-catalytic subunit	15
柔らかさ	CAST	CAST	Calpastatin	2

①RYR1（Ryanodine receptor1：リアノジンレセプター遺伝子）

　豚の遺伝的改良で最初に分子遺伝学の成果が導入されたのは、豚ストレス症候群（PSS）あるいは悪性高熱症（MHS）の原因となるリアノジンレセプター1（RYR1）遺伝子である。この潜性対立遺伝子をホモに持つ豚は、PSS（豚ストレス症候群）に対して感受性が高く、PSE（Pale soft exudative）肉になる確率が高くなる。遺伝的に感受性の高い豚ではハロセン麻酔によりPSSやMHSを誘発することがEikelenboomとMinkema（1974）により明らかにされ、さらにハロセン遺伝子座とPSS/MHS表現型は潜性遺伝すること、原因遺伝子が第6番染色体上にあることがわかった。

　1983年、著者は宮城県に勤務し、ランドレース種の系統造成試験に取り組んだが、当時はPSS豚の除去のため子豚を1頭ずつハロセン麻酔条件下で後肢の硬直程度と継続時間により陽性、擬陽性、陰性を判定した。骨格筋では、収縮や代謝が細胞外Ca^{2+}の濃度により制御されているが、粗面小胞体によりCa^{2+}の放出を調節していることからPSSの候補遺伝子としてRYR1遺伝子が検討され、1991年にFujiiらがRYR1遺伝子における単一のミスセンス置換が原因であることを発見した。現在では、この遺伝子診断により集団からの除去が可能となった。潜性対立遺伝子nは集団中に相対的に高い頻度で存在することが知られており、赤肉割合を増やすことで頻度が増加する可能性がある。RYR1遺伝子をヘテロ（nN）、ホモ（nn）に持つ豚は枝肉の赤肉割合、ロース断面積、歩留まりを高める効果が期待されるが、一方で、pHや肉色、保水性では劣ることが1,155頭の調査豚を使ったOttoら（2007）の研究により確認されている。

②PRKAG3 (Protein kinase AMP-activated gamma 3-subunit：プロテインキナーゼAMP活性化γ3サブユニット

　ハム加工の過程で漏出する水分（クッキングロス）の変異に関する研究からハンプシャー集団で分離している遺伝子が発見された。1989年、著者がフランスの国研究機関であるINRAを訪問した際、女性研究者のLeRoyが2峰性の分布を示すクッキングロスデータを論文としてとりまとめている最中であることを紹介された。その後1990年に論文として公表されている。その後、この原因はRendement Napole（RN）遺伝子が関与していることがわかった。RN⁻顕性対立遺伝子を持つ豚は、潜性のrn⁺対立遺伝子豚と比べ、骨格筋に筋肉グリコーゲン含量が約70%多く、RN⁻ホモあるいはヘテロ個体でも死後に乳酸に分解するため肉のpHが低くなる。その結果、クッキングロスが多くなる。この遺伝子は完全にハンプシャー種に特有のものであり、赤肉割合に対する選抜の結果、その頻度が増加するとされている。この遺伝子は第15番染色体にマップされ、筋肉グリコーゲン含量の差をもたらすProtein kinase AMP-activated gamma 3-subunit gene（PRKAG3）のコドン200の突然変異が原因であることをMilanら（2000）が明らかにしたのである。このPRKAG3遺伝子はエネルギー恒常性を調節する重要な役割を果たす酵素AMP-activated protein kinase（AMPK）の調節サブユニットの一つである。AMPに直接結合してAMPK活性化の過程を開始する領域に位置しており、環境や栄養ストレス要因がAMP/ATP比に影響を与え、それがAMPKの一部を誘発して逆にエネルギーを節約するように作用する結果、このような現象が起こると考えられる。

③CAST (Calpastatin：カルパスタチン)

　カルパスタチン（CAST）はタンパク質分解酵素であるμ-カルパインと-m-カルパインの特異的な抑制物であり、柔らかさに影響する機能的候補遺伝子である。カルパインは、タンパク分解酵素（特にμ-カルパイン）である。死後のタンパク分解酵素として知られており、肉の柔らか

さを増す作用がある。カルパスタチンによるカルパインの抑制は、肉の
柔らかさの程度と柔らかさの進行速度に影響する。CAST遺伝子は第2
染色体上に存在する。

4. ゲノム育種価の取り組み

　ゲノム選抜はMewwissenら（2001）により提案された。全ゲノムをカ
バーする何万個ものSNP遺伝子型に基づき動物の育種価を予測するも
のである。ゲノム選抜の考えが最初に提案された時点では、この考えを
発展させるのに必要な技術や情報は十分整っていなかった。その後、1）
ゲノムをシークエンスし、何千あるいは何百万もの多型（主にSNP）を
特定する技術、2）ゲノム全体に存在する何千ものSNP遺伝子型を効率的
なコストでタイピングする高い技術、3）限られた数の動物データセット
で何千ものマーカーの対立遺伝子の効果を推定する統計的手法の開発な
どの技術の開発により、ゲノム選抜の実行が可能となった。乳牛でのゲ
ノム選抜がアメリカや日本でも開始され、肉牛と羊、鶏、さらには豚で
のゲノム選抜の研究の取り組みが行われてきている。

・ゲノム選抜の原理

　従来の育種価は、図3aに示すように表現型値と血統情報を元に、
BLUP法により育種価を推定する。ゲノム選抜は全ゲノムにわたる全
SNP対立遺伝子の効果を合計し、個体毎の予測した育種価（ゲノム育種
価or GEBV）に基づき行われる。マーカーの効果は、表型値と遺伝子型
（あるいは遺伝子）情報の両方を持つ訓練集団で、遺伝子型に対する表
型値の回帰として推定される。そしてこれらの推定値が表型値情報を持
たないが、ゲノムデータを持つ全ての個体（予測集団）に対してゲノム
育種価（GEBV）を予測するために利用される。これらの予測集団の動
物は、評価される全ての動物に関する表現型値と血統情報を必要とせず、
全ゲノムをカバーする数千のSNPでの遺伝子型に基づくゲノム育種価
により選抜される（図3b）。しかし、定期的に、訓練集団での再推定が

(a)

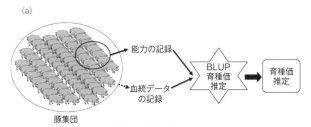

能力の記録

血統データ
の記録

BLUP
育種価
推定

育種価
推定

豚集団

従来の育種価推定

(b)

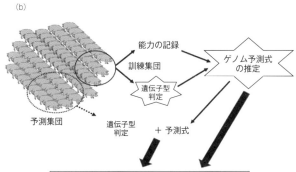

能力の記録

訓練集団

遺伝子型
判定

ゲノム予測式
の推定

予測集団

遺伝子型
判定

＋ 予測式

予測集団と訓練集団からのゲノム育種価

(c)

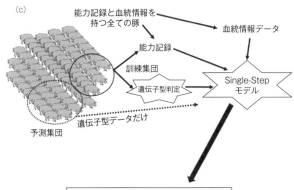

能力記録と血統情報を
持つ全ての豚

血統情報データ

能力記録

訓練集団

遺伝子判定

Single-Step
モデル

予測集団

遺伝子型データだけ

集団の全ての豚のゲノム育種価

図3. BLUP法、ゲノム育種価推定システム

（文献Ⅶ-16）p212，図1から作成

必要となる。さらに、single-step と呼ばれる方法も提案されている。こ
れは、全ての表現型値と血統情報が利用できる従来の育種価推定モデル
に、SNPマーカー情報を取り込む方法である（図3c）。能力記録と遺伝子
型判定を持つ訓練集団だけではなく、そのほかの能力記録と血統情報記
録を持つ個体、能力記録と血統情報に加え遺伝子型データを持つ予測集
団の全てを含め、血統情報にSNPマーカーから計算されるゲノム関係
行列情報を加えてゲノム育種価を推定する。

　遺伝的改良量（ΔG）は以下の一般式により定義されるが、ゲノム選抜
の導入により、世代間隔（L）の短縮化により遺伝的改良量を増加させる
ことが可能である。

$$\Delta G = (i r \sigma_g) / L$$

　ここで i は選抜強度、r は正確度、σ_g は遺伝分散で、L は世代間隔。
　世代間隔が短く世代更新が早い豚の育種では遺伝的予測の正確度を増
すことと、肉質形質のような死後あるいは、きょうだいなど血縁個体で
測定する屠体形質など正確度が低い形質への応用により、ゲノム選抜は
豚集団でのΔGを改善すると期待される。

・豚集団のゲノム選抜の実際
　現在、ゲノム選抜計画の応用に関して異なるタイプのゲノムデータが
存在する。SNPパネルが高密度か低密度かにより高密度（HD）、中密度
（MD）、低密度（LD）のSNPチップが販売されているためである。しか
し、低密度から高密度の配列が推定できるImputation技術の開発もあり、
ゲノム全体に広がった少ないマーカーで正確度の偏りがないゲノム育種
価推定値を得ることが出来るので、将来は遺伝子型判定のコストの削減
が可能となることが期待されている。

まとめ

　我が国での豚ゲノム選抜の取り組みは、（1）農研機構が主催する家畜の生涯生産性向上のための育種手法の開発の「豚の生涯生産性の総合評価手法の開発」での1民間企業の雌系の繁殖能力（平成27年度から平成31年度）、（2）農研機構、革新的技術開発・緊急展開事業（先導プロジェクト）「国産豚肉差別化のための「おいしさ」の評価指標と育種改良技術及び飼養管理技術の開発」での民間2農場のデュロック種の肉質形質（平成28年度から令和2年度）をそれぞれ対象形質とした二つのプロジェクトで行なわれてきた。今後、ゲノム選抜を実施する際に、訓練集団に最低でもどの程度の頭数が必要か、さらに、選抜、交配など育種改良のどの場面でゲノム育種価を利用すべきかなど、低コストで効率的なゲノム情報を利用する方法など検討した結果が期待されている。

注）2017年、日本遺伝学会は、長年使ってきた「優性」、「劣性」の用語に代わり、それぞれ「顕性」、「潜性」の用語を使うこと、「突然変異」は「変異」とすることを決めた。本稿はこのため、「優性」、「劣性」、「突然変異」の用語は使用していない。

Ⅷ. 低タンパク質飼料給与による肉質の付加価値化

　屠畜後の肉質（脂肪交雑、肉色、保水性、pH、柔らかさなど）の表現型は、親から子供に伝えられた個々の細胞に含まれる一揃いの遺伝的指令であるゲノムの発現に飼料内容などの環境効果が加わり決定される。肉質に及ぼす遺伝的効果の指標である遺伝率は、0.1 ～ 0.6 と高い形質でも0.7程度である。つまり、残りの3割～ 9割は動物が飼育される環境効果により影響される。環境効果には、飼料内容の他に温湿度などを含む豚舎環境、各種病原菌の感染状況などが含まれる。ここでは特に、低タンパク質飼料が肉質に及ぼす影響について著者らの研究結果を含む国内外の研究と今後の課題について紹介する。

1. タンパク質、アミノ酸飼料添加給与量制限の
影響についての研究の紹介

　1990年代から飼料中のタンパク質を低減させると筋肉内脂肪含量が増加することが海外の論文などで報告された。また、国内では、工場で廃棄されるパン屑などを給与すると、筋肉内脂肪、モノ不飽和脂肪酸のオレイン酸割合が増加、リノール酸割合が低下することを報告している。これらは食味に直接影響する形質であり、重要な技術として注目を集めおり、すでに実用化技術として活用されている。

　ところで、これらの研究報告を詳しく見ると、1）タンパク質を減らしリジンなどの不足するアミノ酸を補充した場合、2）タンパク質は減らさずリジンだけを減らした場合、3）タンパク質、リジンともに減らした場合、4）それらの組み合わせの場合に分類される。分類に従って、タンパク質やリジン添加給与量の制限が肉質に及ぼす影響について、特に2000年代以降の論文を中心に紹介する。表1にタンパク質、リジン制限による肉質形質等への影響を4つのタイプに整理した。

表1. タンパク質、リジン等制限飼料給与研究報告のまとめ

蛋白質	リジン	著者	蛋白質（CP）とリジン割合	筋内脂肪、MUFA	肉色、剪断力価	筋肉線維型、筋肉成分	酵素、血液成分等
低	正常	Alonso ら (2010)	CP7.00と14.92%、リジン0.86と0.83%	対照区1.76%、低蛋白質区2.63%	剪断力価低下、官能テスト柔らかい		
		Li ら (2016)	CP20、17、14%、リジン全区1.26%	20%区1.05%、17%区1.15%、14%区1.48%、MUFA増加			脂質代謝関連遺伝子上方制御の傾向
		Yin ら (2017)	子豚期(CP20-18-16%)、肥育期(CP17-15-13%)、肥育期(CP14-12-10%)、肥育前期は3区7飼育期、育成期、肥育期のリジンは1.32, 0.94, 0.73%	マーブリングスコア 対照区1.08、低蛋白質区1.50、極低蛋白質区1.83		筋肉内のヒスチジン、アルギニン、バリン、ロイシンの減少、グリシン、リジンの増加、アミノ酸輸送体を下方制御	
		Li ら (2018)	育成期(対照区CP18%、低蛋白質区CP15%、極低蛋白質区CP12%)、肥育期(16、13、10%)、リジンは対照区と同じ	育成期(対照区1.35%、低区1.59%、極低区2.02%)、肥育期(対照区1.59%、低区2.21%、極低区2.49%)、MUFA増加	a*値(赤色度)増加、剪断力価低下	I、IIの遺伝子発現増加。タンパク質合成関連遺伝子の発現が促進され、分解関連酵素が抑制	脂肪合成関連遺伝子の発現が促進され、分解関連酵素の抑制
正常	低	Bidner ら (2004)	対照区リジン0.69%、低リジン区0.57%、(10.4%と10.35%)	対照区3.5%、低リジン区2.4%	pH、L値が高い		
		Katsumata ら (2005)	対照区(0.65or0.68%)、低リジン区(0.43or0.40%)、蛋白質割合は両区で同じ(11.1or10.7%)	対照区3.5%、低リジン区6.7%、オレイン酸増加の傾向			PPARγmRNAは3倍、レプチンmRNA量も対照区より6も3.3倍高い
		Katsumata ら (2008)	6週齢から8週間の間、対照区1.16%、低リジン区0.73%、蛋白質割合で16.1%は両区で同じ			酸化型筋繊維割合：胸最長筋対照区36%、低リジン区52%、菱形筋対照区57%、低リジン区69%	Citrate synthase活性、胸最長筋のPGC1α、胸最長筋、菱形筋のPPARγ2のmRNA量が高い
		Wood ら (2004)	対照区CP20%、リジン1.14%、低蛋白質区CP16%、リジン0.68%	対照区と低区の胸最長筋(B:2.1と3.42%、D:1.8と3.1%、W:1.0と1.7%、T:1.2と1.4%)			
低	低	Tang ら (2010)	対照区CP14.19%、リジン0.76%、低蛋白質区CP11.08%、リジン0.56%	対照区1.69%、低区2.32%	剪断力価低下、μカルパインの遺伝子発現増加		
		Pires ら (2016)	対照区CP16.00%、リジン0.51%、低区CP13.00%、リジン0.35%	対照区1.33%、低区2.27%			
		Suárez-Belloch ら (2016)	育成期(CPとリジン：21.6%と1.10%、17.7%と0.91%、14.7%と0.78%、13.5%と0.52%)、肥育前期は肥育用飼料と(CP17.7%、リジン0.91%)	去勢3.85%、3.88%、5.57%、4.54%、雌(3.31%、4.55%、5.94%、5.57%)と低区が高い			
組み合わせ		家入ら (2007)	育成期(CP割合=18、14.6、15.0%、リジン割合0.86、0.57、0.88%)、肥育期(CP割合：15.3、12.9、13.3%、リジン割合：0.69、0.42、0.69%)	育成期(CP2.29%、低区3.52%、低蛋白質+リジン等追加区1.98%			蛋白質とリジンの交互作用に有意の傾向あり。低蛋白質かつ低リジン等追加区で筋肉内脂肪を高める効果がある
		Tous ら (2014)	体重62kg〜92kgの対照区と低区(CP：13と12%、92〜112kg:CP10.6と9.8%)、リジン割合(体重62kg〜97kg：0.650と0.554%、97kg〜112kg：0.520と0.42%)				蛋白質の傾向あり、低蛋白質が低いリジン割合が筋肉内脂肪を低下させる効果がある

1) 低蛋白質、リジン正常

　スペインのAlonsoら（2010）は、対照区と試験区のタンパク質割合が17.00％と14.92％、リジン含量が0.86％と0.83％の飼料をそれぞれW雄とLW雌の交雑豚（LWW）の雄豚に給与した。その結果、胸最長筋の筋肉内脂肪は、対照区の1.76％に対し、低タンパク質区が2.63％と有意に増え、オレイン酸などのモノ不飽和脂肪酸の割合も増加した。さらに、ワーナーブラッザー剪断力価も対照区の78.00に対して低タンパク質区65.43と有意に柔らかくなり、官能パネル試験でも柔らかさが有意に優れたとしている。

　中国のLiら（2016）も18頭のLWD三元交雑豚を使い、3つのタンパク質割合（20、17、および14％）の飼料を体重9.57kgから45日間給与し、と畜後の肉質、脂質分解と合成関連遺伝子の発現を調査した。リジンは全ての区で同じ1.26％に調整している。低タンパク質飼料給与により発育は有意に抑制されたが胸最長筋の筋肉内脂肪は、20％、17％、14％区でそれぞれ1.05％、1.15％、1.48％と増加し、モノ不飽和脂肪酸も増加した。脂質代謝関連遺伝子は低タンパク質により上方制御される傾向があり、これらの結果からタンパク質の制限が脂質代謝および関連する筋肉のエネルギー利用を調節することによって筋肉内脂肪割合の増加に有用であると結論している。

　Yinら（2017）は39頭のLW雄豚を使い、子豚期（体重11.34kgから5週間）、育成期（子豚期から5週間）、肥育期（育成期から6週間）の3つの発育ステージでタンパク質割合をそれぞれ3段階に分け（対照区：20-18-16％、2つの蛋白制限グループ：17-15-13％および14-12-10％）、リジン含量は3つの区で全て同じ（子豚期：1.32％、育成期：0.94％、肥育期0.73％）にして飼育した。育成期と肥育期終了時に屠畜して肉質、筋肉のアミノ酸、およびアミノ酸トランスポーターに対する影響を調査した。その結果、厳しいタンパク質制限（14〜12〜10％CP）は飼料摂取量と体重を抑制したが、中程度のタンパク質制限（17〜15〜13％CP）は発育成績にほとんど影響を及ぼさなかった。肉質では、肥育期の豚の胸最長筋マー

ブリングスコアが対照区、低タンパク質区、極低タンパク質区でそれぞれ1.08、1.50、1.83と増加した。黄色度（b*）も増加した。さらに、タンパク質制限は筋肉のヒストン、アルギニン、バリン、およびイソロイシンの蓄積量を減少させ、対照区と比較してグリシンおよびリジン濃度を高めた。一方RT-PCR法による遺伝子発現調査の結果、タンパク質制限がアミノ酸輸送体を下方制御する値を示した。このことから長期的なタンパク質制限は、豚の肉質と筋肉のアミノ酸代謝に影響を及ぼすと報告している。

　さらに、Liら（2018）は、36頭のLWD三元交雑豚を育成期（体重36.5kg〜62.3kg）と肥育期（体重62.3kgから50日間肥育）に分け、さらにそれぞれ育成期では対照区（NP）タンパク質割合が18%、低タンパク質区（LP）が15%、極低タンパク質区（VLP）が12%とした。肥育期ではタンパク質割合をNP区16%、LP区13%、VLP区10%とした飼料を与え肥育した。リジン、メチオニン、スレオニン、トリプトファンはNP区と同程度となるように調整している。育成期と肥育期でそれぞれ屠畜して肉質等を調査した。その結果、育成期、肥育期共にLP区の胸最長筋の肉色の赤色度（a*値）が増し、肥育期ではLPとVLP区の剪断力価が減少した。さらに、筋肉内脂肪含量は対照区（育成期1.35%、肥育期1.59%）に比べ低区（育成期1.59%、肥育期2.21%）、極低区（育成期2.02%、肥育期2.49）で増加し、モノ不飽和脂肪酸も有意に増加した。これと関連し、脂質合成関連遺伝子の発現が促進され、分解関連酵素が抑制されている。また、筋線維型ⅠとⅡaの遺伝子発現が育成期、肥育期とも増加し、アミノ酸のタウリン濃度をはじめ食味性と関連するアミノ酸も増加した。低タンパク質量飼料給与により肉が柔らかくなった原因は、筋肉内脂肪とモノ不飽和脂肪酸の増加、さらに、タンパク質合成の抑制が関連しているとしている。発育や飼料効率が低タンパク質給与により有意に低下しているので改善の余地があることを指摘している。これらの結果から、低タンパク質飼料給与が筋肉内脂肪と脂肪酸組成、筋線維特性、遊離アミノ酸を好ましい方向に変えると結論している。この研究では、筋肉の脂肪

合成関連遺伝子と分解遺伝子の発現を調べており、脂肪合成遺伝子発現の上昇と分解遺伝子発現の抑制が、筋肉内脂肪蓄積が高まった原因としている。

2) 低リジン、タンパク質は同じ場合

　米国のBidnerら（2004）は、64頭の雌豚を使い、肥育後期（体重75kg～）にRN遺伝子型とリジン制限、と畜前の絶食が肉質に及ぼす影響を検討した。対照区（粗タンパク質割合10.43％、リジン0.69％）に対してリジン欠乏飼料（粗タンパク質割合10.35％、リジン0.57%）は胸最長筋の筋肉内脂肪を増加（対照区の3.5%に対して低リジン区は4.4%）させた。しかし、マーブリングスコアは2.3と2.1であり、差は認められなかった。また、pHが高く（対照区5.39、低リジン区5.42）、肉色のL*値（明度）も高くなった（対照区53.2、低リジン区54.4）。

　日本では、Katsumataら（2005）が飼料中リジンの欠乏が肥育後期の豚の胸最長筋の筋肉内脂肪含量に及ぼす影響を検討した。試験開始時、平均体重61.7kgの豚を低リジン区（0.43or0.40%）と対照区（0.65%or0.68%）区に割り当て110kgまで飼育した。この際、タンパク質は両区で同じ割合（11.1% or10.7%）である。増体量と飼料効率は低リジン群で低い傾向で110kg到達まで5日長く要した。筋肉内脂肪は対照区の3.5%に対して、低リジン区は6.7%だった。オレイン酸の割合は対照区と比べて高い傾向にあり、PPARγmRNAは対照群と比べて3倍高く発現し、レプチンmRNA量も対照区よりも3.3倍高い値を示した。これらの結果から低リジン区では、胸最長筋で高い脂肪合成活性が高まっていることを示唆していると結論している。

　Katsumataら（2008）はさらに、6週齢の去勢豚を対照区（1.16%）と低リジン区（0.73%）に割り当て、3週間飼料を給与した。その際、タンパク質は両区とも同じ16.1%である。屠畜後に胸最長筋と菱形筋の酵素の遺伝子発現を調査した。その結果、クエン酸回路の第一段階の速度を調整する酵素であるCitrate synthase活性は低リジン区で高く、両方の筋肉

で、低リジン飼料給与豚は酸化型筋線維割合が高かった（酸化型筋肉割合が胸最長筋では、対照区36％＜低リジン区50％、菱形筋では対照区57％＜低リジン区が69％）。さらに、細胞のエネルギー産生を制御するPGC-1αの菱形筋mRNA量は低リジン区で高く、PPARγ2のmRNAは胸最長筋、菱形筋のいずれでも低リジン区が対照区より高かった。飼料中リジン欠乏は酸化型筋線維割合を、そしてここから豚の筋肉の酸化能力を高める効果があると結論している。

3) 低タンパク質、低リジンの場合

　イギリスのWoodら（2004）は4品種（デュロック種D、バークシャー種B、大ヨークシャー種W、タムワース種T）からなる合計192頭の雄豚に9週齢から12週間の間、対照区（CP20％、リジン1.14％、14MJDE）と低タンパク質区（CP16％、リジン0.68％、13MJDE）の飼料を給与して脂肪蓄積等を比較した。飼料の影響は成長率、脂肪蓄積で認められ、低タンパク質飼料給与により成長が遅く、脂肪蓄積の多い肉を生産できた。特に皮下脂肪よりも筋肉内脂肪の蓄積が多く、柔らかさ、多汁性の優れた肉となった。さらに、タムワース種を除いて、低タンパク質区の胸最長筋の筋肉内脂肪が増加する結果となった（B：対照区2.1％と低タンパク質区3.42％、D：1.8％と3.1％、W：1.0％と1.7％、T：1.2％と1.4％）。

　中国のTangら（2010）は、肥育後期のブタの筋肉における肉質とμカルパイン、カルパスタチン遺伝子発現に及ぼす低タンパク質（対照区CP14.19％、リジン0.76％、DE13.81MJ/kg、低タンパク質：CP11.08％、リジン0.56％、12.55MJ/kg）の影響を検討した。低栄養はドリップロスを増加させ、筋肉内脂肪含量を増加（対照区1.69％、低栄養区2.32％）させる傾向が認められ、剪断力価を減少（対照区5.58kg、低栄養区4.74kg）させ、タンパク質分解酵素のμカルパインのmRNAレベルを増加させた（対照区0.11、低栄養区0.18）。しかし、カルパスタチンの遺伝子発現には影響しなかった。また、発育にも影響しなかったが、飼料効率は低栄養区が劣った。これらの結果から、エネルギーとタンパク質を適度に減

少させることは、肉の柔らかさを増加させ、筋肉内脂肪を増加させること、肉の柔らかさの増加の一部は、μカルパインの遺伝子発現増加によるのかも知れないと結論している。

イギリスのPiresら（2016）は、通常のタンパク質飼料（NPD：CP16.0%、リジン0.51%）と低タンパク質飼料（RPD：CP13.0%、リジン0.35%）を給与したLWD三元交雑豚の最長腰筋について、プロテオミクス解析を行った。その結果、「筋肉収縮」および「細胞骨格の構造的構成要素」カテゴリーに含まれるタンパク質成分は、RPDを与えられた豚の筋肉において最も有意に上方制御された。逆に、NPDを与えられた動物でアップレギュレートされたのはエネルギー代謝の調節に関与する酵素だった。RPDが筋肉線維の種類と構造、ならびにエネルギー代謝に関連するタンパク質の量に影響を及ぼすことが明らかされた。タンパク質とリジンの低下により総コレステロール、HDL、LDL、総タンパク質が高く、グルコースが低くなった。成長期の豚における飼料中タンパク質の減少によって促進される筋肉内脂肪の増加（NPD区1.33%、RPD区2.27%）は、筋肉線維の代謝特性が解糖系から酸化系にシフトされたこと（ⅡbからⅡx、Ⅱa、Ⅰ型）によって仲介されることが示唆されたと結論している。

さらに、スペインのSuárez-Bellochi Jら（2016）は、160頭の三元交雑豚を使い、体重が26kgから45日間（73日齢～118日齢）の育成期間に4つの異なるタンパク質割合とリジン割合（CPとリジン：21.6%と1.10%、17.7%と0.91%、14.7%と0.78%、13.5%と0.52%）の飼料を給与し、その後123kgまでは（それぞれ183、181、178、192日齢）通常の肥育用飼料（CP17.7%、リジン0.91%）を給与して屠畜し、肉質等を調べた。その結果、胸最長筋の筋肉内脂肪は、去勢（3.85%、3.88%、5.57%、4.54%）、雌（3.31%、4.55%、5.94%、5.57%）でいずれも増加した。この結果から、育成期の飼料中タンパク質とリジン割合を低減給与することが肥育後の筋肉内脂肪に影響を及ぼすと結論している。

4) タンパク質、リジンの組み合わせ

　家入ら（2007）は、トウモロコシとダイズ粕を主原料とした対照区に対して、パン屑を添加したパン屑添加飼料区（低タンパク質、低リジン）、パン屑添加飼料に単体アミノ酸（低タンパク質、リジン、メチオニン＋シスチン、トレオニン、トリプトファン）を添加した飼料区の3つを設け、肥育前期（CP割合：18%、14.6%、15.0%、リジン割合：0.86%、0.57%、0.88%）、肥育後期（CP割合：15.3%、12.9%、13.3%、リジン割合：0.69%、0.42%、0.69%）の飼料内容で肥育した。その結果、パン屑添加飼料区の胸最長筋の筋肉内脂肪割合（3.52%）は、対照区（2.29%）はもちろん、リジンを含むアミノ酸の添加区（1.98%）と比較して高くなった。この結果から、パン屑添加飼料を給与した肥育豚の胸最長筋の筋肉内脂肪割合の増加は、一部のアミノ酸の低下に由来すると結論している。タンパク質とリジンの両方が低い場合は、筋肉内脂肪が増えるが、低タンパク質でもリジン等を補充した場合は、筋肉内脂肪は増えなかった。

　スペインのTousら（2014）は筋肉内脂肪増加に関する飼料中のタンパク質とリジンの効果に関して両者を組み合わせた試験を行った。すなわちタンパク質（P）とリジン（L）の量を対照（C）と低（L）に設定し、CPCL、CPLL、LPCP、LPLLの4区を設けて体重62kgから112kgまで飼育した。ただし、体重62kgから97kgと97kgから112kgの発育段階に区分してタンパク質とリジンの割合を変更している（体重62kg ～ 92kgのCP：13%と12%、92 ～ 112kg：10.6%と9.8%、リジン割合体重62kg ～ 97kg：0.65%と0.554%、97kg ～ 112kg：0.520%と0.424%）。屠畜後に肉質を調べた結果、タンパク質とリジンが対照のCPCL区に対してタンパク質かリジンが低いLPCLとCPLL区の胸最長筋の筋肉内脂肪が増加した。また、半膜腰筋ではCPLLに比べてLPLLは筋肉内脂肪が減少し、胸最長筋でも同様の傾向が認められた。さらに、対照のタンパク質で低リジン区は飼料効率が悪い結果が得られた。これらの結果から、成長や筋肉内脂肪に対するタンパク質とリジン低減の効果は独立しておらず、リジンを維持しながらタンパク質を減らすことが成長を損なわず肉質を改善するためには有

効かもしれないと結論している。ただし、この研究では対照と低区との
タンパク質割合の差が1%、リジン割合の差も0.1%と少ない条件である。

2. 著者らの試験結果の紹介（鈴木ら未発表）

　筋肉内脂肪を遺伝的に改良した系統豚デュロック種しもふりレッドと
系統豚ランドレース種ミヤギノL2それぞれ8頭ずつ合計16頭の去勢雄
豚を供試した。体重が約70kg（平均116日齢）以降、対照区は市販の肥
育後期用飼料（CP14.0%、リジン0.64%）を、低タンパク質低リジン区は
CP10.7%、リジン0.40%の飼料を給与した。平均体重が105kgに達した
時点で屠畜し、翌日に胸最長筋について保水性、加熱損失率、物理的特
性、化学成分、脂肪酸組成の分析を行った。また、試験開始日、19日
目、33日目に採血を行った。品種毎に区間差を見てみると（表2）、脂肪
含量はデュロック種では区間差は認められないが、ランドレース種では

表2. 低タンパク質、低リジン添加飼料給与の肉質への影響（鈴木ら未発表）

形質	品種飼料	デュロック		ランドレース		区間有意性 p 値	
		対照区	制限区	対照区	制限区	デュロック	ランドレース
体重	kg	105.5	103.8	110.6	104.4	ns	ns
枝肉重量	kg	75.5	77.5	76.3	75.9	ns	ns
格付脂肪厚	cm	2.8	3.2	2.2	2.3	0.036	ns
ドリップロス	24h%	1.21	1.08	4.36	5.80	ns	ns
	48h%	2.15	2.37	6.25	7.56	ns	ns
クッキングロス	%	19.26	21.97	24.07	25.62	0.025	ns
Tehderness	gw/cm^2	80102	66813	104249	71508	0.018	0.002
Pliability		1.56	1.53	1.65	1.61	ns	ns
Toughness	gw・cm/cm^2	25595	19727	32154	19771	0.009	0.002
Brittleness		1.28	1.36	1.22	1.40	0.053	0.015
筋肉内脂肪	%	9.31	8.58	2.05	3.04	ns	0.076
マーブリングスコア		4.25	4.88	1.63	2.25	0.060	0.060
C14:0		1.41	1.30	1.31	1.24	0.084	0.108
C16:0		27.95	27.56	27.06	26.50	ns	0.016
C16:1		3.53	3.76	3.65	4.15	ns	0.007
C18:0	%	15.89	14.93	14.68	12.48	0.097	0.000
C18:1		48.18	49.60	49.56	52.54	0.069	0.000
C18:2		3.03	2.84	3.74	3.10	0.097	0.001
MUFA		51.72	53.36	53.21	56.68	0.065	0.000
SFA		45.25	43.80	43.05	40.21	0.094	0.000

Tenderness：柔らかさ、Pliability：柔軟性、Toughness：頑強性、Brittleness：もろさ
FA：モノ不飽和脂肪酸、SFA：飽和脂肪酸、ns：有意差無し

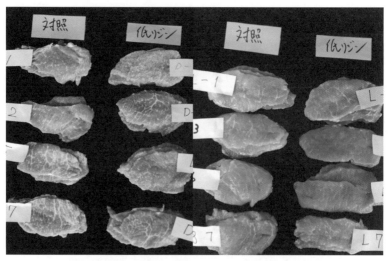

**図1. 筋肉内脂肪を遺伝的に改良したデユロック種しもふりレッドと
ランドレース種に対するタンパク質リジン制御の影響**

左からに２列がデユロック種、右２列がランドレース種のロース肉、対照区は肥育後期用飼料を給与

　対照区に比較して制限区が高い傾向が認められ、マーブリングスコアは両品種共に制限区が高い傾向だった。図1の写真を見ても、一寸わかりにくいが、デユロック種とランドレース種の違いは明らかである。肉の物理的特性値のTenderness、Toughnessはデユロック種、ランドレース種共に制限区の値が低く、柔らかく、噛み応えが無い肉になっていることが示唆された。また、Brittlenessもランドレース種では有意に、デユロック種では低い傾向が認められ、肉がもろくなったことが示された。脂肪酸組成はランドレース種ではC14:0を除く全てにおいて有意差が認められ、C16:1（パルミトレイン酸）、C18:1（オレイン酸）の割合は制限区で有意に高く、C14:0、C16:0、C18:0とC18:2（リノール酸）割合は低リジン区で有意に低くなった。デユロック種でもランドレース種と同様の傾向が認められた。また、試験開始の6日前、開始時点、19日、33日後に採血して血液中の生化学的解析を行った。その結果、低タンパク質低リジン飼料給与により血液のタンパク質、尿素態窒素、トリグリセ

リドが減少し、総コレステロール、HLD、LDLは有意に増加した。また、両品種共にALD、ASTが有意に低下した（図2）。タンパク質、尿素態窒素の減少は飼料中タンパク質が少ない事が原因と思われる。脂質のトリ

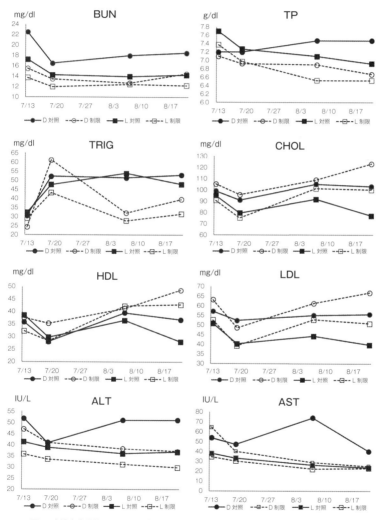

図2. 血液生化学的測定値に及ぼす低タンパク質低リジン飼料給与の影響（鈴木ら未発表）

（D：デュロック種、L：ランドレース種、各品種で対照区と制限区の間で有意差のある測定を示した。）

グリセライドの減少と総コレステロール、HLD、LDLの増加、さらには肝臓機能の指標であるALD、AST低下はそれほど極端な変化ではないが統計的に有意な変化なので、今後、他の肉質形質との関連を検討しながら原因を明らかにすべきと考えている。本研究の結果から、低タンパク質低リジン飼料給与が、筋肉のタンパク質、脂質代謝に影響し、その程度は品種により程度が異なることが示された。

3. まとめと課題

　これまでの研究報告をまとめると、低タンパク質と低リジンあるいは、タンパク質かリジンのどちらかを低めた飼料を供与した際に共通の影響として、①筋線維型の解糖系（Ⅱb、Ⅱx）から酸化型線維（Ⅱa型、Ⅰ型）への変化、②筋線維内脂肪とモノ不飽和脂肪酸の増加、③筋線維型の変化に伴う肉色の変化（赤色度（a*値）が増す一方、脂肪蓄積に伴い黄色度（b*値）が増す例が明らかとなった。さらに、④肉の柔らかさが増すことが著者らの研究等でも確認できた。肉のTendernessを低める効果は、筋肉内脂肪やモノ不飽和脂肪酸が増えた事による可能性と、カルパイン等のタンパク質分解酵素の活性が高まることに起因する可能性もある。タンパク質不足により筋肉の貯蔵タンパク質からアミノ酸を動員する必要性からカルパイン活性が高まると考察される。

　食品残渣物として廃棄される春巻き皮部分（タンパク質成分割合は8.3%程度）を豚に給与した肉は筋肉内脂肪が多く、食べると大変や柔らかい反面、弾力性が無くもろさを感じる経験がある。著者らの試験結果でもTenderness、Toughness、Brittlenessが明らかに影響を受けている。原因は単に脂肪割合が増えただけではなく、生体内で必要なアミノ酸を動員するため筋肉タンパク質の分解が促進されたのだろうか。酸化型のⅠ型筋線維は解糖型のⅡb型線維より細いことが知られており、この筋線維型の違いが物理的特性と関連するのか、あるいは、エネルギー代謝とタンパク質代謝、筋肉の物理的特性値の変化がどのように関わっているのかも明らかではない。紹介した研究一覧には載せてないが、フィンラ

ンドのRuusunenら（2007）は、高タンパク質高リジン（18.7%と9.0%）と低タンパク質低リジン（16.0%、5.7%）の飼料をランドレース種、大ヨークシャー種およびそれらの交雑種に給与した。165日齢で屠殺し、胸最長筋、半膜様筋、大臀筋、咬筋、棘下筋の筋肉線維タイプ割合、線維断面積を比較した。その結果、いずれの筋肉でも筋線維割合は変化しないが、胸最長筋ではⅠ、Ⅱa、Ⅱx、Ⅱbの断面積が、大臀筋ではⅠ型を除く全ての面積について、低タンパク質区が高タンパク質区より有意に減少したと報告している。この研究では、筋肉内脂肪や肉のTendernessは残念ながら調べていないが、筋線維断面積の縮小が柔らかさの原因と考えることもできる。

　著者らの試験では遺伝的に筋肉内脂肪を増えるように改良したしもふりレッドは、筋肉内脂肪蓄積に関しては低タンパク質、低リジンの影響を受けにくいことが分かった。Katsumata（2011）はその総説で、低リジン飼料給与による筋肉内脂肪の増加は、脂肪細胞分化増殖に関わる酵素活性の比較から脂肪細胞の数ではなく大きさが増えることに起因することを考察している。筋肉内脂肪含量を選抜形質として遺伝的に改良した場合、筋肉内脂肪蓄積の増加は脂肪細胞の大きさだけではなく数も増加しているのか明らかではない。その場合、タンパク質やリジンの制御によりさらに筋肉内脂肪を増加させるにはどの程度の制限が必要なのか？更に研究を進める必要があると考える。また、Katsumata（2011）は、低リジン飼料給与が筋肉線維型を解糖型から酸化型線維にシフトさせた結果、細胞へのエネルギー代謝を律速するグルコース輸送に関わる酵素であるGLUT4が上方制御されることを確認している。筋線維型の酸化型へのシフトによるエネルギー代謝の変化が筋肉内脂肪増加をもたらすことは理解できるが、このことが筋肉の物理的特性値の変化とどのように関連しているか、メカニズムの解明が課題である。

IX. エゴマ絞り粕の飼料添加給による豚肉質の付加価値化

肉質は遺伝的要因と給与する飼料内容や飼育環境に影響される。そこで、遺伝的に改良した豚に飼料の内容を変えることでさらに付加価値を高めた事例を紹介する。筋肉内脂肪など肉質に優れた特徴を持つデュロック種系統豚「しもふりレッド」は、豚肉のおいしさに係わる筋肉内脂肪含量が平均5％と多いこと、肉が柔らかく、筋肉内脂肪のオレイン酸などが多い。通常の肥育豚である三元交雑肉豚でも、飼料内容の工夫による筋肉内脂肪の増加、機能性に優れた脂肪酸を増やす取り組みなど行われている。

機能性に優れた食肉として、ヒトの健康面での理由からオレイン酸（C18：1）、リノール酸（C18：2）やα-リノレン酸（C18：3）などを多く含む豚肉の生産が考えられる。オレイン酸は豚自身の遺伝的な能力と同時に、飼料米やオリーブの絞りかすなどの給与により増やすことができるが、リノール酸とα-リノレン酸はヒトやブタの体内で合成することはできないので食べ物や飼料から取る必要がある。

リノール酸とα-リノレン酸はそれぞれn-6系多価不飽和脂肪酸とn-3系多価不飽和脂肪酸に分類される。n-6とかn-3とは、脂肪酸の炭素鎖のメチル末端から数えて6番目あるいは3番目の炭素-炭素結合が二重結合であることを示す。n-6系多価不飽和脂肪酸であるリノール酸は、ひまわり油、トウモロコシ油、大豆油などに多く含まれており、血漿コレステロールなどの上昇を抑制する効果がある一方で、過剰摂取は、動脈硬化性疾患の発症を進展させる可能性も指摘されている。一方、n-3系の多価不飽和脂肪酸には、α-リノレン酸とエイコサペンタエン酸（EPA、C20：5n-3））ドコサペンタエン酸（DPA、C22：5n-3）やドコサヘキサエン酸（DHA、C22：6n-3））があり、α-リノレン酸は、食用調理油由来のクルミや菜種油、大豆油にも含まれているがシソ科に属するエゴ

マが最も多い。100g中に24gも含まれている。さらに、α-リノレン酸から体内でEPA、DHAが合成される。α-リノレン酸（C18：3 (n-3)）を多く含むエゴマを3%飼料に添加給与すると筋肉内脂肪、皮下脂肪組織に移行しα-リノレン酸が増え、アミノ酸組成も変化することが山田ら（2001年）により報告され、福島県で「うつくしまエゴマ豚」として年間約3,000頭以上の肉豚が既に流通している。

　宮城県の色麻町では、エゴマからエゴマ油だけではなく醤油など様々加工食品を生産しているが、生産の過程でエゴマ絞り粕（図1）が生じる。そこで、健康面で注目されているα-リノレン酸を多く含むエゴマの絞り粕を飼料に給与することで、筋肉内脂肪を通常の肉豚より多く含む「しもふりレッド」の脂肪質を質にも特徴を持つ豚肉としてどの程度α-リノレン酸を増やすことができるか、さらに他の肉質に及ぼす影響も合わせて検討した結果を紹介する。

図1.　エゴマ絞り粕

1.　エゴマ絞り粕給与試験方法

　この試験ではユロック種系統豚しもふりレッドの子豚去勢8頭、雌4頭の12頭を使用した。対照区と試験区にそれぞれ6頭ずつ振り分け群飼し、豚の体重が70kgを越えた時点で、試験区には肉豚肥育用配合飼料（TDN73.5%、CP13.5%）にエゴマ絞り粕を5%添加した飼料を、対照区には通常の肉豚肥育用配合飼料を給与し、約1ヶ月間肥育した。あ

らかじめ、エゴマ絞り粕の脂肪酸組成を調べ、その結果を表1に示した
が、エゴマ粕の粗脂肪含量は23.8%、さらに、脂肪酸組成ではオレイン
酸（C18：1）、リノール酸（C18：2（n-6））、α-リノレン酸（C18：3（n-
3））がそれぞれ11.6%、16.7%および61.1%の割合で含まれていた。通常、
エゴマには24g/100gのα-リノレン酸が含まれていることから、絞り粕
のα-リノレン酸量は23.8×0.611＝14.5%であり、半分程度のα-リノレ
ン酸が残っていることになる。豚の体重が110kgを越えた時点で試験を
終了し、食肉市場に出荷し、屠畜2日後に最後胸椎から30cm前の部分
のロース肉を入手して肉質の分析に用いた。

表1. エゴマ絞り粕の化学成分と脂肪酸組成

	成分	数値表現	%
一般成分	水分		4.3
	粗タンパク質		24.3
	粗脂肪		23.8
	粗繊維		20.5
	粗灰分		4.6
	可溶性無窒素物		22.5
脂肪酸組成	パルミチン酸	C16：0	7.6
	ステアリン酸	C18：0	2.1
	オレイン酸	C18：1（n-9）	11.6
	リノール酸	C18：2（n-6）	16.7
	α-リノレン酸	C18：3（n-3）	61.1
	アラキジン酸	C20：0	0.2
	エイコセン酸	C20：1（n-11）	0.1
	エイコサジエン酸	C20：2（n-6）	0.1
	未同定		0.5

　肉質の調査項目は、ドリップロス、クッキングロス、テンシプレッ
サーを使った柔らかさ（Tenderness）、柔軟性（Pliability）、ロース肉の筋
肉内脂肪含量、ロース筋肉及び皮下脂肪内層の脂肪酸組成である。
　また、一般消費者パネル14名（男性10名、女性4名）によるに食味試
験を行った。エゴマ区及び対照区の凍結保存したロース肉3頭分ずつを
24時間、2℃の冷蔵庫で解凍後、スライサーでしゃぶしゃぶ用、焼き肉
用に一定の厚さで切断し、それぞれ調味料は使用せず試食した。しゃ
ぶしゃぶ、焼き肉ともに、試験区と対照区の肉を食べ比べる方法で3回

実施した。官能テストの設問は、肉の柔らかさ、多汁性、うまみの強さ、風味、総合評価の5項目であり、5段階評価で行った。発育、肉質形質の区間差の有意差検定は全てt検定で、官能テストの区間差は3回の試験結果を全てまとめてWilcoxonの順位和検定により行った。

2. エゴマ絞り粕添加給与試験の結果

一日平均増体量、枝肉歩留、背脂肪厚には区間差が認められなかった。また、肉質の保水性であるドリップロス、クッキングロスのいずれも区間差は認められず、Tenderness等の物理的特性値についても区間差は認められなかった。さらに、筋肉内脂肪含量についても、試験区（4.52%）が対照区（5.55%）より低い値を示したが有意な区間差は認められなかった。

脂肪酸組成については、筋肉内と皮下脂肪内層のいずれでも有意な区間差が認められた（表2）。まず、筋肉内脂肪では、飽和脂肪酸のパルミチン酸（C16：0）とモノ不飽和脂肪酸のパリミトレイン酸（c16：1）は対照区が試験区より有意に割合が高く、一方、α-リノレン酸（C18：3（n-3））、エイコサトリエン酸（C20:3 (n-3)）、エイコサペンタエン酸（EPA）、ドコサペンタエン酸（DPA）は、試験区がそれぞれ0.92%、0.08%、0.10%、0.18%と対照区の0.22%、0.00%、0.00%、0.02%より有意に高く、n-3系多価不飽和脂肪酸の合計でも対照区の0.23%に対して試験区は1.33%と5.7倍も多くなった（図2）。そして、(n-6) / (n-3) 比も対照区の19.44に対して4.13と適正な値が得られた（図4）。

次に、皮下脂肪内層の脂肪酸組成についてみると、筋肉内と同様にパルミチン酸（C16：0）は対照区が試験区より有意に多く、一方、α-リノレン酸（C18：3 (n-3)）、ジホモγ-リノレン酸（C20：3 (n-6)）、エイコサトリエン酸（C20:3 (n-3)）、エイコサペンタエン酸（EPA）は試験区がそれぞれ2.5%、0.20%、0.15%、0.12%と対照区の0.52%、0.00%、0.00%、0.00%より有意に高く、n-3系多価不飽和脂肪酸の合計も対照区の0.52%に対して試験区は2.80と5.4倍も高くなった（図3）。(n-6) / (n-3) 比も対照区の15.33に対して、2.71と適正な比となった（図4）。

表2．エゴマ絞り粕の飼料添加給与が筋肉内、皮下脂肪の脂肪酸組成に及ぼす効果

部位	脂肪酸名	数値表現	試験区 平均値	試験区 標準偏差	対照区 平均値	対照区 標準偏差	統計的有意性
	脂肪含量		4.52	1.49	5.55	1.29	ns
	ミリスチン酸	C14：0	1.50	0.17	1.57	0.12	ns
	パルミチン酸	C16：0	26.45	1.07	27.65	1.00	＊
	パリミトレイン酸	C16：1	2.98	0.25	3.28	0.28	＊
	マルガリン酸	C17：0	0.25	0.05	0.23	0.05	ns
	ステアリン酸	C18：0	14.63	0.73	14.95	0.39	ns
	オレイン酸	C18：1	45.33	0.48	45.28	1.02	ns
	リノール酸	C18：2 (n-6)	4.28	0.70	3.70	0.76	ns
	α-リノレン酸	C18：3 (n-3)	0.92	0.15	0.22	0.04	＊＊＊
筋肉内脂肪	アラキジン酸	C20：0	0.20	0.00	0.20	0.00	ns
	エイコサジエン酸	c20：2 (n-6)	0.15	0.05	0.12	0.04	ns
	ジホモγ-リノレン酸	C20：3 (n-6)	0.10	0.06	0.08	0.08	ns
	エイコサトリエン酸	C20：3 (n-3)	0.08	0.04	0.00	0.00	＊＊＊
	アラキドン酸	C20：4 (n-6)	0.62	0.26	0.60	0.20	ns
	エイコサペンタエン酸（EPA）	C20：5 (n-3)	0.10	0.06	0.00	0.00	＊＊
	ドコサペンタエン酸（DPA）	C22：5 (n-3)	0.18	0.08	0.02	0.04	＊＊＊
		n-6	5.18	1.05	4.55	1.07	ns
		n-3	1.33	0.27	0.23	0.05	＊＊＊
		(n-6)/(n-3)	4.13	0.11	19.44	3.50	＊＊＊
	ミリスチン酸	C14：0	1.42	0.08	1.52	0.12	ns
	パルミチン酸	C16：0	26.33	0.67	27.25	0.88	＊
	パリミトレイン酸	C16：1	1.55	0.14	1.75	0.29	ns
	マルガリン酸	C17：0	0.43	0.05	0.48	0.08	ns
	ステアリン酸	C18：0	17.78	1.36	17.78	1.26	ns
	オレイン酸	C18：1	40.45	0.96	40.95	1.11	ns
	リノール酸	C18：2 (n-6)	6.98	0.98	7.38	0.42	ns
	α-リノレン酸	C18：3 (n-3)	2.50	0.52	0.52	0.04	＊＊＊
	皮下脂肪内層 アラキジン酸	C20：0	0.25	0.05	0.22	0.04	ns
皮下脂肪内層	エイコサジエン酸	c20：2 (n-6)	0.32	0.04	0.37	0.05	＊
	ジホモγ-リノレン酸	C20：3 (n-6)	0.20	0.22	0.00	0.00	＊
	エイコサトリエン酸	C20：3 (n-3)	0.15	0.16	0.00	0.00	＊
	アラキドン酸	C20：4 (n-6)	0.08	0.08	0.15	0.05	ns
	エイコサペンタエン酸（EPA）	C20：5 (n-3)	0.12	0.08	0.00	0.00	＊＊
	ドコサペンタエン酸（DPA）	C22：5 (n-3)	0.03	0.08	0.00	0.00	ns
	n-6系脂肪酸	n-6	7.58	1.19	7.90	0.45	ns
	n-3系脂肪酸	n-3	2.80	0.44	0.52	0.04	＊＊＊
		(n-6) / (n-3)	2.71	0.10	15.33	0.99	＊＊＊

有意な区間差有り：＊ p＜0.05　　＊＊ p＜0.01　　＊＊ p＜0.001　　区間差無し：ns

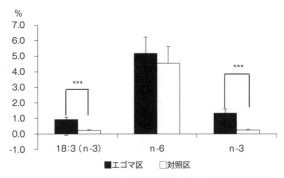

図2. エゴマ絞り粕給与が筋肉内脂肪のα-リノレン酸、n-6、n-3系脂肪酸割合に及ぼす影響

有意な区間差有り：＊＊＊ p < 0.001

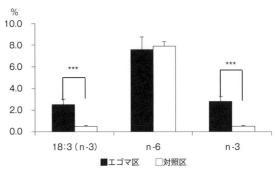

図3. エゴマ絞り粕給与が皮下脂肪内層のα-リノレン酸、n-6、n-3系脂肪酸割合に及ぼす影響

有意な区間差有り：＊＊＊ p < 0.001

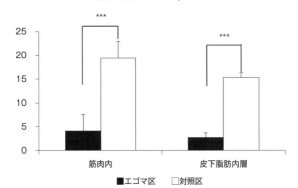

図4. エゴマ絞り粕給与が筋肉内脂肪と皮下脂肪内層の (n-6) / (n-3) 比に及ぼす影響

有意な区間差有り：＊＊＊ p < 0.001

　学生、大学教員など一般消費者パネルによる焼き肉、しゃぶしゃぶに
よる比較では、焼き肉、しゃぶしゃぶのいずれでも「柔らかさ」、「多汁
性」「うま味の強さ」「総合評価」には区間差が認められなかったが、「風
味」については試験区が対照区より優れる結果となり（表3）、エゴマ粕
添加給与が豚肉の風味をよくする効果が示唆された。風味については、
すでに取り組まれている「うつくしまエゴマ豚」についても風味が良いこ
との報告があるが、その理由について、α-リノレン酸の効果なのかに
ついては明らかではない。

表3．消費者パネルによるエゴマ絞り粕給与豚の肉質評価結果

		エゴマ区	対照区	有意性
焼き肉	Q1 柔らかさ	3.69	3.74	ns
	Q2 多汁性	3.62	3.71	ns
	Q3 うまみ強さ	3.81	3.57	ns
	Q4 風味	3.81	3.43	*
	Q5 総合評価	3.95	3.88	ns
しゃぶしゃぶ	Q6 柔らかさ	3.93	3.67	ns
	Q7 多汁性	3.81	3.79	ns
	Q8 うまみ強さ	3.76	3.50	ns
	Q9 風味	3.81	3.33	**
	Q10 総合評価	4.07	3.88	ns

有意な区間差有り：＊ $p < 0.05$　　＊＊ $p < 0.01$　　区間差無し：ns

　リノール酸やα-リノール酸を含む食物の摂取量について、令和2年1
月に厚生労働省が公表した「日本人の食事摂取基準（2020年版）」策定検
討会報告書を見ると、日本人30〜49歳のn-6系多価不飽和脂肪酸摂取
基準量は、10.44g/日（男性）、8.57g/日（女性）となっている。リノール
酸は、一価不飽和脂肪酸であるオレイン酸よりも酸化されやすく、多量
に摂取した場合（10% E 以上）のリスクは十分に解明されていない。さ
らに、リノール酸は炎症を惹起するプロスタグランジンやロイコトリエ
ンを生成するので、多量摂取時の安全性が危惧され、リノール酸過剰摂
取で認められた乳がん罹患や心筋梗塞罹患の増加は、リノール酸の酸化
しやすさ、炎症作用が原因かもしれないとされている。

一方、n-3系多価不飽和脂肪酸には、食用調理油由来のα-リノレン酸（18：3n-3）と魚由来のeicosapentaenoicacid（EPA、20：5n-3）、docosapentaenoic acid（DPA、22：5n-3）、docosahexaenoic acid（DHA、22：6n-3）などがある。体内に入ったα-リノレン酸は一部EPAやDHAに変換される。これらの脂肪酸は生体内で合成できず、欠乏すると皮膚炎などが発症するとされている。なお、n-3系多価不飽和脂肪酸の生理作用はn-6系多価不飽和脂肪酸の生理作用と競合して生じるものだけではなく、n-3系多価不飽和脂肪酸の持つ独自の生理作用も考えられる。従って、両者の比ではなく、n-3系多価不飽和脂肪酸自体の摂取基準が設定され、疫学研究からもこの考えは支持されている。「日本人の食事摂取基準（2020年版）」策定検討会報告書によればn-3系多価不飽和脂肪酸の日本人30～49歳の食事摂取基準量は、2.03g/日（男性）、1.59g/日（女性）となっている。鱗状皮膚炎、出血性皮膚炎、結節性皮膚炎などの皮膚症状の改善効果、心血管疾患罹患（脳卒中も含む）減少は、α-リノレン酸自体と代謝産物であるEPAやDHAによると考えられている。さらに、冠動脈疾患だけでなく、脳卒中、糖尿病、乳がん、大腸がん、肝がん、加齢黄斑変性症、あるタイプの認知障害やうつ病に対しても、予防効果を示す可能性があるとされている。

　紹介した試験では、対照区の通常の飼料を給与した豚のロース肉100gには0.23g、皮下脂肪内層には0.52gのn-3系多価不飽和脂肪酸が含まれるが、エゴマ絞りかす給与により生産したロース肉100gには、1.33g、皮下脂肪内層には2.80gとそれぞれ対照区と比べ5.78倍、5.38倍のn-3系多価不飽和脂肪酸が含まれる。このことから、20%程度の皮下脂肪付き豚肉を100g食べればn-3系多価不飽和脂肪酸は1.62gとなり、一日当たりの女性のn-3系多価不飽和脂肪酸の摂取基準は満たされ、130gを食べれば2.1gとなり男性の摂取基準量も満たされることになる。

　エゴマ絞り粕には、α-リノレン酸などのn-3系多価不飽和脂肪酸が多く含まれており、これを給与して生産した豚肉にも移行する事が確認できた。この試験では肥育後期の約1ヶ月間、エゴマ絞り粕を5%飼料に

添加したが、山田ら（2001）の報告では、豚での α-リノレン酸の取り込み平衡時期は給与3週間であることが確認されており、エゴマ絞り粕の入手コストを考えると3週間程度の給与でも良いと思われる。

　エゴマ絞り粕の価格については未定の部分もあるが、この試験結果を踏まえ、筋肉内脂肪含量と肉の柔らかさを遺伝的に改良した系統豚「しもふりレッド」に、エゴマ絞り粕を添加給与することで健康面でも優れた銘柄豚肉の生産が可能であることから、遺伝的改良と給与する飼料の改良でより付加価値の高い豚に生産が可能である事例と言える。

Ⅹ．疾病や衛生管理ストレスが肉質に及ぼす影響

　以前、埼玉県畜産会が主催した肉質勉強会(㈱サイボクで開催)で、一腹から生まれたが発育が明らかに異なる3頭の豚の肉を試食する機会があった。ブロック肉の肉質を評価し、その後試食をした。目で見た評価、試食の結果のいずれでも健康に発育した豚の肉が最も高い評価だった。健康に育った豚の肉がおいしいと実感できた機会であった。

　しかし、発育の劣る豚の肉質が何故おいしくないのか、その理由は不明だった。疾病罹患豚の食味性を検討した研究報告はないが、疾病に罹患し病変を持つ豚の肉質が正常豚の肉質に劣る研究の発表はある。また、飼養管理の場面や屠畜場までの輸送時間や方法などがストレスとなり、肉質に影響を与えるとの報告もある。こうした疾病やストレスと肉質との関連について紹介する。

1. 疾病と肉質

　平成20年から29年の10年間の宮城県食肉衛生検査所事業概要報告で発表されたブタの一部内臓廃棄に占める肺病変の割合の変化を図1に示した。23万～25万頭の出荷豚のうち Swine enzootic pneumonia（SEP：豚流行性肺炎）が原因となる一部内臓廃棄率は32%～47%であり、最も多い病変となっている。SEPはマイコプラズマ・ハイオニューモニエという病原菌により引き起こされる病気だが、この病気にかかると増体率や飼料効率などに影響が出る。

　国内の他の道府県の食肉衛生検査所でも同様な調査が行われ、報告書もネット上で見ることが出来るが、これほど多いことに気がついている養豚関係者は少ないと思う。著者らは、宮城県畜産試験場との共同でランドレース種について、マイコプラズマ性肺炎の病変を調べ、これを遺伝的に低減させる5世代の育種改良を実施し、病変が少ない集団を造成

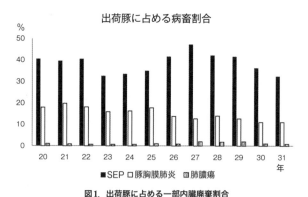

図1. 出荷豚に占める一部内臓廃棄割合

（文献 x -1）（平成20年度〜平成31年度宮城県食肉衛生検査所事業報告より作成）

した。しかし、残念なことに肉質まで調べる研究は実施しなかった。豚
の肺病変と肉質との関連などを詳しく調べた報告は国内ではない。しか
し、規模は小さいながらも肺病変、肝臓寄生虫の有無と肉質との関連に
ついて、海外の研究報告があるのでそれらを紹介する。

　Dailidaviciene ら（2008）は、2007年の1月から4月までの期間、リトアニ
アの小規模の食肉処理場で屠畜された1905頭の肥育豚の屠殺後の枝肉、
心臓と肝臓の肉眼での病変を記録し、肺の病変データを3つのグループ
に分けた。すなわち肺病変のないグループⅠ、胸膜炎を伴う中程度の肺
炎病変を持つグループⅡ（11 〜 30％の感染）、胸膜炎を伴う30％以上の
高い程度の肺炎の第Ⅲグループである。各グループから7頭ずつ合計21
頭からロース肉を採材し、4℃で24時間冷蔵後、肉質分析を行った。調
査項目は胸最長筋のpH、化学成分、肉色、保水性、加熱損失率、剪断
力価などである。

　肺炎病変を持つ個体数は879頭で全体の46.14％、胸膜炎は29.55％
だった。調査したグループ間で肉のpHは統計的に有意であり、pHはグ
ループⅠと比べグループⅡが0.08有意に高く（p < 0.05）、グループⅢは
0.07有意に高い値（p < 0.05）を示した。また、肉の明るさを示すL*値は、
呼吸器病変を有する豚（グループⅡ、Ⅲ）がグループⅠと比べ値が低い

傾向が見られ、さらに、肉の黄色度b*値は、病変のないグループⅠが
グループⅡと比べ有意に高い値を示し、肉の柔らかさのテンダーネスも
同様に病変のないグループⅠがグループⅡ、Ⅲより柔らかい結果だった
（表1）。同じデータを病変毎の有無で肉質を比較すると、肺病変を有す
る豚の肉は堅いこと（p < 0.01）がわかった。この研究結果から、呼吸器
系疾病が肉のpH、色の濃さ、そして柔らかさに影響を与え、肺炎の豚
の肉は健康な豚より堅いと結論している。

表1. 肺病変の程度が肉質に及ぼす影響

（文献Ⅹ-2）p23，表2より作成

Parameter		Ⅰgroup （n=7）	Ⅱgroup （n=7）	Ⅲgroup （n=7）
乾物割合	%	28.79 ± 0.88	30.6 ± 1.37	29.89 ± 0.63
pH		5.42 ± 0.02b	5.50 ± 0.02a	5.51 ± 0.03a
L* 値		55.88 ± 0.95	55.5 ± 1.42	54.83 ± 0.93
a* 値		15.12 ± 0.58	14.92 ± 0.6	15.34 ± 0.35
b* 値		7.92 ± 0.64a	6.36 ± 0.42b	6.99 ± 0.54ab
ドリップロス	%	6.66 ± 0.77	5.53 ± 0.58	5.12 ± 0.97
保水性	%	55.45 ± 0.77	54.35 ± 1.46	53.55 ± 1.12
クッキングロス	%	27.89 ± 0.79	24.79 ± 2.21	28.93 ± 0.81
テンダーネス	kg/cm²	0.88 ± 0.05b	1.18 ± .19ab	1.46 ± 0.12a
蛋白質	%	22.38 ± 0.47	22.51 ± 0.37	21.88 ± 0.22
筋肉内脂肪	%	2.55 ± 0.16	2.78 ± 0.31	2.57 ± 0.2
灰分	%	1.15 ± 0.01	1.13 ± 0.01	1.16 ± 0.01

　こうした肉質の変化は豚の健康状態によって引き起こされたと結論し
ている。その理由として、疾病に罹患した場合、豚は大量のエネルギー
を必要としたため屠殺後のグリコーゲンとアデノシン三リン酸（ATP）の
量が少なく、乳酸の生成が少なく、肉のpH値の上昇をもたらしたと結
論している。

　肺病変を有する豚の体内でどんな変化が起きているのだろうか。これ
に関してセルビアの研究者であるCovanovicら（2016）が屠畜豚の肺病変
に関連する枝肉の品質と血液学的変化と題する研究結果を報告している。
30戸の肥育場から出荷された120頭の交雑豚（平均性体重112.3kg、6 ヶ
月齢）について、電殺時に採血した。屠畜後の肺病変スコア（0と2）間で

枝肉形質と血液学的成分を比較した。調査した合計120頭のうち45頭の豚で肺病変（37.50%）があり、検査した肺の16.67%（n = 20）で胸膜炎が観察され、肺炎の徴候は31.67%（n = 38）で検出された。肺病変スコア2の豚は、0の豚と比較して有意に低い生体重、温屠体重、冷屠体重だった（表2）。また、脂肪厚はスコア2の方が0より厚く、赤肉の割合は有意に少ない結果が得られた。さらに、赤血球数、ヘモグロビン濃度、およびヘマトクリット値は、肺病変スコア2の豚の群で有意に低く、白血球数、リンパ球および好中球は有意に高いことがわかった（表3）。

表2. 肺病変スコア別枝肉測定値（平均値と標準誤差）

（文献X - 3）p 238，表1より作成

		肺病変 2	肺病変 0	有意性
頭数		45	75	
生体重	kg	112.3 ± 1.3	115.8 ± 0.4	＊
温と体重	kg	91.9 ± 1.2	94.8 ± 0.4	＊
冷と体重	kg	88.3 ± 1.1	92.6 ± 0.4	＊
歩留まり	%	81.7 ± 0.2	81.8 ± 0.2	ns
背脂肪厚	mm	27.0 ± 0.9	13.5 ± 0.4	＊
腰脂肪厚	mm	64.4 ± 0.9	21.9 ± 0.8	＊
赤肉割合	%	32.5 ± 0.2	44.1 ± 0.2	＊

＊ 5%水準で有意差あり、ns有意差無し

表3. 肺病変スコア別血液パラメータの比較（平均値と標準誤差）

（文献X - 3）p 238，表2より作成

		肺病変 2	肺病変 0	有意性
頭数		45	75	
赤血球	10^9/L	7.0 ± 0.2	7.8 ± 0.1	＊
ヘモグロビン	g/L	131.5 ± 2.4	142.9 ± 2.0	＊
ヘマトクリット	%	38.7 ± 0.5	40.7 ± 0.5	＊
白血球数	10^9/L	26.0 ± 0.8	18.5 ± 0.5	＊
リンパ球数	10^9/L	17.7 ± 0.6	11.8 ± 0.4	＊
Middle-size cells	10^9/L	0.2 ± 0.0	0.2 ± 0.0	ns
好中球	10^9/L	8.1 ± 0.7	6.4 ± 0.4	＊
リンパ球数	%	69.2 ± 1.8	64.4 ± 1.8	ns
Middle-size cells	%	0.7 ± 0.0	1.2 ± 0.2	ns
好中球	%	30.2 ± 1.8	33.5 ± 1.6	ns
Platelet count	10^9/L	235.5 ± 19	252.1 ± 13	ns

＊ 5%水準で有意差あり、ns有意差無し

これらの結果から、疾病に罹患した動物では免疫に関わる白血球、リンパ球、好中球数が増加すると同時に、関連するサイトカインなども活発に活動することになり、これに伴ってエネルギーが消費されるので筋肉に蓄積されるグリコーゲンなども減少することが予想され、肉質にも影響することが考えられる。

2. ストレスと肉質

(1) 豚ストレス症候群とは

豚ストレス症候群（Porcine Stress Syndrome：PSS）は通常、市場への出荷の過程とか、群として豚が管理される過程で極端な興奮状態に置かれたとき感受性豚に起こる。豚ストレス症候群（PSS）やヒトの悪性高熱症（MHS）は、骨格筋リアノジン感受性Ca^{2+}チャネル（RYR1）の異常が原因となって起こることが明らかになっている。RYR1遺伝子を調べた結果、1,843番目の塩基が正常ではCだが、MHSではTと変異しており、その結果、アミノ酸置換（ArgからCys）が起きていることがわかった（Fujiiら1991）。この豚では細胞内Ca^{2+}レベルが高めに維持されているため、Ca^{2+}に依存したエネルギー消費系が常にある程度活性化された状態にあり、適度の運動と同様の効果を豚に与えると余分の脂肪が消費され、筋肉質でしかも正常の豚よりも大型となる。養豚農家によって好んで選抜されてきた可能性がある。しかし、保水性などの肉質は劣る。現在ではわずかなサンプルDNAとPCRの利用によりすべての3つの遺伝子型が正確に識別できる。日本を含む多くの国ではハロセン遺伝子を持っている種豚を集団から除いている。

(2) 遺伝的要因以外のストレスと肉質との関連

遺伝要因以外の肉質に及ぼす要因として、図2に示したように屠殺時の条件や肉豚が飼育期間に受けた経験が重要となる。豚は農場から出荷のため運搬車に荷揚げされ、荷揚げ後の運搬車の中での混飼、輸送、食肉市場で荷下げ後、屠殺までの待機の過程を経て屠殺される。豚は群飼

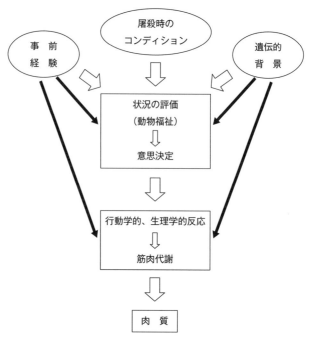

図2. ストレス反応、屠殺条件と肉質との関連を示した図解

(1) ストレスのレベルは、(a) 屠殺前の状況の特性、(b) 遺伝的背景、(c) 事前の経験、に依存する。(2) スト
レスの知覚が行動と生理的反応を引き起こす。筋肉の代謝に関するこれらの効果は、(a) 反応の程度、(b) 動
物の遺伝的背景、(c) 動物の事前経験、に依存する。

（文献 X-5）　p127.　図1.より作成

すると新しい優先順位を決め、安定的な社会的階層を作るまで闘争をす
る。その結果、グリコーゲンの消費が起こり、屠殺後の肉のpHが下が
らない現象が生じる。可能な限り、馴染みのない豚の混飼は避け、15頭
以内の混飼にとどめることが重要だ。輸送前に絶食することが農場から
と場までの死亡率を減少させる効果があるが、逆にDFD肉の頻度を高
め、枝肉重量を減少させるとする報告もある。しかし、短期間の絶食は
肉色、キメシマリ、保水性を改善する効果がある。輸送の距離も死亡率
に影響することが報告されており、10-25分が最も低く、45-80分では最
も高い。また、トラックやトレーラーの部屋の面積・密度（イギリスで

は一頭あたり 0.4-0.5m²)、温度 (15-18℃)、湿度 (59-65%)、屠殺までの
待ち時間が3-5時間などのように、条件が適切な範囲の場合、筋肉の乳
酸を低くし、PSE肉の発生を防ぐことができる。出荷豚は電気ショック
により気絶、頸動脈切断により屠殺されるが、90V、120Vと二酸化炭素
を利用した方法では肉質の変化から見たストレスの程度には差がないこ
とが報告されている。屠殺時のもがきが乳酸生成を増し、筋肉のpHの
低下を加速させる。気絶から放血まで60秒を超えないようにし、適切
な電圧と気絶から放血までの時間を制御することが肉質の問題をなくす
方法と考えられる。豚が日常的にストレスを受けないような農場での飼
養管理が肉質にも良い結果をもたらすことが予想される。豚がストレス
を受けやすいと、屠殺前のストレス感受性を増加させ、死後の筋肉グリ
コーゲンの貯蔵を低め、屠殺後の急激なpH低下とPSE肉の頻度を増す
結果となる。

3. アニマルウエルフェアの指標と肉質との関連

　動物福祉パラメータのモニタリングが農場から屠殺までのサプライ
チェーンを通して豚の肉品質の変動を予測できるか？　と題する論文を
カナダのRochaら (2016) が報告している。この論文では、サプライ
チェーンを通じて評価された動物福祉条件(飼育条件と健康管理)と豚肉
品質の変動との関係を評価している。東カナダの企業養豚農場で同じ遺
伝的背景を持ち飼料内容は同じだが、動物福祉を考慮した5つの肥育農
場 (AWIRS：抗菌剤や成長促進飼料フリー、0.85m²/頭の最小豚房スペー
ス、寝床の確保、訓練を受けた飼育者、定期的な床敷の交換など) と、7
つの従来の肥育農場 (CON：厳密には動物福祉の法的要件を満たしてい
るが、飼育密度は0.74m²/頭と悪い) から出荷された4,680頭の交雑豚の
うち、一農場から120頭で合計1,440頭の豚の肉質を調査している。そ
の際、それぞれ二人 (AとB) のドライバーにより農場から屠場まで運搬
された。肉質調査項目はpH、肉色、ドリップロスである。
　肉質の評価基準として表4に示した最終pHとドリップロス、肉色明

度L*値で評価している。また、選択された12の農場は、屠殺の1週間前に、福祉の質および北アメリカの動物飼育評価プロトコルを使用して2人の訓練を受けた評価者によって以下の項目で評価された。動物福祉の基準は、Good feeding（給餌や給水がよくなされているかどうか）、Good housing（安静時の快適性、熱的快適性、動きやすさなど）、Good health（怪我の欠如、病気の欠如、管理手法（去勢や断尾）による痛みの欠如）、Appropriate behavior（社会的行動や探索的行動、人間 - 動物関係の良い関係、ポジティブな感情状態）などである。

表4. 最終pHu、ドリップロス、肉色L*値に関する肉質分類　Correraら2007

(文献X - 6) p70，表1より作成

肉質評価	pHu	ドリップロス	JCS	L*
PSE	< 5.5	> 5%	1-1.5	> 50
Moderage PSE	5.5-5.6	> 5%	2-3	> 50
PFN	5.5-5.8	< 5%	< 3	> 50
RSE	5.6-5.8	> 5%	3	42-50
RFN	5.6-5.8	2-5%	3	42-50
Moderage DFD	5.8-6.1	< 5%	3-4	42-45
DFD	> 6.1	< 2%	> 4	< 42

PSE (pale, soft, exudative), PFN (pale,firm, nonexudati RSE (red, soft, exudative), RFN (red, firm, nonexudative DFD (dark, firm, dry), JCS：中井の肉色標準模型日本
RFNが正常な肉質

　養豚福祉基準に従ったプロトコルによる評価では、休息、室温、動きやすさなどの豚舎の居心地さと、去勢や尾噛、ヘルニア、疾病豚の有無、体表面の傷などから判断する健康面からAWIRSがCONより有意に動物福祉条件が優れていると判断された（表5）。また、AとBの運転手は農場と運転手の取り扱いや運転技術の効果の交絡を避けるため、農場間と出荷間でAとBが毎週交代してAWIRSとCON農場から屠畜場まで運んでいる。その結果、運転手Bと比べ、ドライバー Aにより荷揚げされたCONの豚では荷揚げ時に動きが消極的な豚の割合が多く、一方、ドライバー Bによる荷下ろし時に動きが消極的な豚の割合が多い結果だった。

　AWIRS出荷豚のロース筋肉はpHが低い傾向にあり、ドリップロス

表5．アニマルウエルフェア改良飼育システム（AWIRS）と
慣行飼育システム農場の福祉基準原理スコア

（文献Ｘ-6）p367，表10より作成

福祉基準原理	AWIRS	CON	SEM	P-value
GoodHousing	67.9	39.4	4.5	0.001
GoodFeeding	66.8	66.8	10.8	NS
GoodHealth	62.9	50.7	2.5	0.006
適切な行動	42.4	32.9	4.6	NS

AWIRS：animal welfare improved raising system
CON：conventional raising system
SEM：平均値の標準誤差

表6．飼育システムが肉質に及ぼす効果

（文献Ｘ-6）p373，表13より作成

形質	AWIRS	CON	SEM	P-value
pHu	5.64	5.67	0.01	0.07
L* 値	49.84	49.23	0.32	NS
a* 値	7.49	7.34	0.19	NS
b* 値	4.08	3.94	0.16	NS
ドリップロス，％	5.54	3.41	0.25	0.003

AWIRS：animal welfare improved raising system
CON：conventional raising system
SEM：平均値の標準誤差

が有意に多い結果だった（表6）。また、PSEとRSE肉の割合も高い結果
となった。AWIRSの肉はおそらく筋肉中のグリコーゲン含量が高く、乳
酸の産生が多くなる結果、pHが低く、ドリップロスも多い結果となっ
たと結論している。さらに、農場全体についてのGood housingスコア
とpHuの間の相関係数が–0.75、L*値との間の相関係数が0.87、Good
housingの移動の容易さがpHuと–0.82の、L*値と0.92の高い相関の結果
が得られたことから、より良い住居条件(例:わら敷き、より広いスペー
ス許容量など）を経験した豚ではPSE筋肉の頻度が高い結果となってい
る。これは、屠殺時に筋肉に多くのエネルギーが保存されていることが
原因と考えている。また、運転手に関しては農場システムに関係なく、
運転手Aと比較して運転手Bによって取り扱われる豚でPFN肉の割合
が増加した（AWIRS農場とCON農場で運転手Bでは25.21%と38.66%

に対して、運転手Aではそれぞれ17.5%と17.78%）。この結果から、豚の取り扱い経験の乏しさが豚肉質の変動に影響を及ぼすことが示された。さらに、屠畜場での荷下ろしおよび電気ショックによる気絶のスタニングと大動脈切断放血エリア（stunning chute area：SCA）でのスリップ率、さらにSCAで電子棒使用と組み合わせた場合のスリップ率がドリップロスとそれぞれ0.63、0.74、0.69の有意な相関が得られた。さらに、SCAでの電子棒使用がL*値と有意な0.41の相関も得られたことから、屠殺直前の短期ストレスは、筋肉のグリコーゲン分解を早め、屠殺直前の解糖系の活性化により急激なpH低下と筋肉の温度上昇をもたらす。こうした運動が骨格筋の損傷と筋肉タンパク質の分解を引き起こし、屠殺後のタンパク質と水との結合能力に影響を及ぼし、滲出性の肉で光の反射を増加させるため肉のL*値を高めることになると結論した。

　この研究の結果は、動物福祉監査プロトコルによって評価された飼育システムの品質と、トラック運転手の技能が屠殺前処理に対する豚の行動反応の変動の重要な原因であり、豚肉の品質変動に影響を与える可能性があることを示している。

まとめ

　疾病や豚のストレス、動物福祉の観点からの日常的な飼養管理や屠畜までの管理が肉質に及ぼす影響を紹介した。生まれてから出荷までの飼育環境条件の程度と肉質との関連に関する研究はまだ少ないのが現状だ。動物福祉に配慮した日常的な飼育方法、屠畜場までの運搬や待機場所での環境条件がどの程度、豚にストレスを与え、さらに肉質への影響について、国内でもこうした調査研究が今後必要だろう。

XI. 放牧養豚の肉質への影響

　近年、食品安全問題や環境問題への消費者の意識が高まり、放牧養豚などの屋外生産システムは環境問題と食品の安全性の問題を解決する可能性を秘めていると同時に、動物福祉と小規模の限られた資源の農家に新しい機会を提供する。屋内での飼育システムと比較して投資コストが比較的低く、付加価値の可能性があるため、小規模農家にとって屋外生産は優れた代替手段となる。放牧による生産が豚の肉質に及ぼす影響を調査した研究を紹介する。

1. 屋内と屋外で分娩と肥育を組み合わせた試験

　国内では、屋外と屋内で飼育された豚の肉質を詳細に調べた報告はないが、2002、2004年に米国の大学でハイブリッド豚Newshamを使い行われた試験がある。豚は育種企業Newsham豚を使っている。大ヨークシャー、ランドレースとデュロック種の交雑により作られた雌豚に、交雑ダークスキン雄豚を交配して子豚生産した。この試験では、屋外と屋内でそれぞれ140頭と147頭の合計287頭を分娩させ、そのうち、屋外と屋内の16腹〜20腹から生まれた子豚を24頭ずつ選び、それらを屋外で12頭、屋内で12頭育成、肥育し、発育能力と肉質などを調査した。すなわち、(1) 妊娠から出産の期間と、(2) 育成、肥育期間がそれぞれ屋内と屋外の二つの環境条件である。屋外出産・屋外肥育、屋外出産・屋内肥育、屋内出産・屋外肥育、屋内出産・屋内肥育の豚がそれぞれ12頭ずつとなる。交配は全てAIで行い、妊娠が確認された雌豚は、その後、妊娠クレート（ワク）または妊娠パドックに移動した。屋内および屋外に収容された雌豚は、分娩予定の5日前に分娩施設に移動させた。屋内雌豚は、2.1 × 0.6 mの分娩用クレートに収容され、屋外雌豚は、妊娠中と泌乳中は同じグループで（16 / グループ）飼育された。0.4haのパドックを

地面から59 cmの高さで、一本鎖電線（7 ～ 12 A）で囲んだ。それぞれの
パドックには、英国式の弧状の分娩小屋（高さ1.12 m、幅2.79 m、長さ
1.65 m）があり、1頭の雌豚と一腹の子豚が飼育される。床には細断され
た麦わらを使用している。屋内の子豚はクリープフィードを与えられる
が屋外の豚はクリープフィードなしである。しかし、牧草などの摂取は
可能だ。子豚は1 ～ 4日齢で断尾、去勢、切歯などの処理がなされ、21
日齢で離乳し他の腹の子豚と群飼された。

　はじめに、合計287頭の雌豚が1月から9月までの間、1産ないし2産
したが、屋外（140腹）と屋内（148腹）の初産と2産目の一腹当たり分
娩頭数、生存頭数、離乳頭数は、それぞれ10.5頭、9.4頭、7.6頭と10.8
頭、9.4頭、8.4頭といずれも統計的有意差はない。また、出生時子豚体重、
離乳時一腹子豚重量のいずれも有意差はない。しかし、屋内で2産目の
子豚数は屋外で2産目の子豚数より有意に多い結果となった（Johnsonら
2001）。

　次に、48頭の肥育豚の発育能力、肉質成績の結果を示す（Gentryら
2002a）。この試験は、2月25日に開始され、7月19日に屠畜が行われ
た。成績については、出生時環境と育成肥育環境およびそれらの交互作
用を要因とした分散分析を行い、それらの効果を検討した。交互作用の
効果についてはいずれの形質とも統計的に有意な効果は認められなかっ
た。出生環境の効果について、屋外で生まれた豚は室内で生まれた豚よ
りも25、56、112および143日齢の体重、および離乳後の一日平均増体
量が有意に大きい結果だった。さらに、屋外で生まれた豚は、枝肉の重
量が重く（91.2対81.3 ± 3.4 kg、P < 0.001）、ロース面積も大きい（54.6対
49.7 ± 0.2 cm^2、P < 0.05）。肉質成績では、屋外で生まれた豚の肉色のa*
値は、屋内で生まれた豚より有意に高く、カラースコアも高い傾向で赤
みがかった濃い色を示した。さらに、官能試験では、フレーバー強度が
有意に高い値（6.5対6.1 ± 0.10、P < 0.01）となった。一方、育成肥育環境
の効果は、皮下脂肪厚で有意な効果が認められ、屋外飼育豚が屋内飼育
豚より厚かった。さらに、肉質のカラースコアとL*値について有意な

効果が認められ、屋外豚の肉は赤みの強い暗い肉色となった。また、屋外で育成肥育された豚は剪断力価が有意に低く、柔らかい肉だった。これらの結果から、豚の出生環境は、屋外で生まれた豚の成長率を向上させ、豚のロース肉のフレーバー強度スコアを高める上で重要な役割を果たした（図1）。さらに、豚を屋外で仕上げると、豚の肉色（図2）と柔らかさ（図3）が改善される可能性があると結論している。

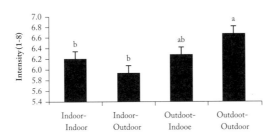

図1. 出生と育成肥育の環境が屋外（outdoor）と屋内（indoor）で行われた豚肉の香りの強さ

異なる文字間に5%水準で有意差あり

（文献XI-1）p1711，図2より引用

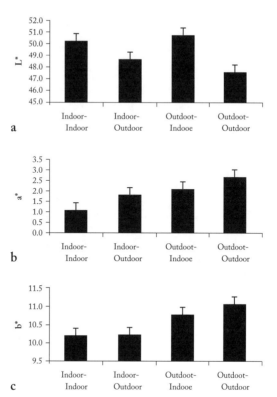

図2. 出生と育成肥育環境が屋外 (outdoor) と屋内 (indoor) の場合の豚の肉色

L*：明度、a*：赤色度、b*：黄色度

（文献XI-1）p1711，図1より引用

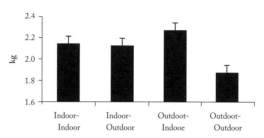

図3. 出生と育成肥育環境が屋外 (outdoor) と屋内 (indoor) の場合の豚肉の剪断力価

（値の低い方が柔らかいことを示す）

（文献XI-1）p1712，図3より引用

　次に同じ著者らは秋から冬の期間(10月31日試験開始、3月20 ～ 4月4日屠畜) 48頭の去勢豚を使い出生と育成肥育の生産システムが豚の発育、筋肉特性とそれらの関連に及ぼす効果を検討した (Gentryら2004))。屋外と屋内で分娩後、離乳時に屋外と屋内にそれぞれ分けて肥育した。屠畜1時間内に胸最長筋と半膜腰筋を採材し、筋線維型を分析した。さらに、ロース肉が官能評価、剪断力価の分析に使われた。その結果、屋外での出生は屋内出生より24日、56日112日齢の体重が重く、屋外での育成肥育は一日平均増体量を高める効果があることが明らかとなった。肉質では、屋外出生は肉色のa*値を高め、屋外育成肥育も肉色のa*値とマーブリングスコアを高める効果が認められた。さらに、屋外出生の豚のロース肉は屋内で生まれた豚のロース肉と比べ I 型筋線維割合が有意に多く、II a型は有意に少ない。そして、屋外で育成・肥育された豚の胸最長筋と半膜腰筋は、屋内育成肥育された豚と比べ、II a型筋線維割合が多く、II b/x線維割合が少ない結果だった (表1)。この結果から、屋外生産システムは豚の成長、豚の肉色、筋肉線維割合に影響を与えると結論している。

表1. 出生と育成肥育が屋外と屋内で行われた豚の筋線維型割合割合

(文献XI-3) p215, 表4より作成

| | | 出生環境 (B) | | 育成肥育環境 (R) | | | P 値 | | |
		屋内	屋外	屋内	屋外	SEM	B	R	B × R
胸最長筋	I 型	17.3	21.5	19.3	19.4	0.8	**	ns	ns
	II a 型	16.0	12.7	12.4	16.4	0.9	*	**	ns
	II b/x 型	66.7	65.8	68.3	64.2	1.2	ns	*	ns
半膜腰筋	I 型	17.1	18.4	17.0	18.5	0.5	ns	ns	ns
	II a 型	20.6	18.8	15.7	23.6	0.4	ns	**	ns
	II b/x 型	62.3	62.8	67.3	57.9	0.8	ns	**	ns

＊P < 0.05, ＊＊P < 0.01　　SEM：平均値の標準誤差

　この二つの論文で重要な点は、屋外生産(出生と育成肥育)が豚の発育には良い効果を持つこと、肉色のa*値を高め肉の赤色度が増すこと、そして屋外出生が I 型筋線維割合を増やし、屋外育成肥育が II 型b/x筋線維を II 型a筋線維に変える効果が認められたことである。発育面での効

果については、一般的に、屋外で飼育される豚は、屋内で飼育される豚より1頭あたりのスペースが広くなっており、ストレスも少ないため健康的に発育することが予想される。豚の発育や肉質面に影響するストレス反応性の様な形質は発育の初期に決まる。出生直後の屋外飼育がストレス反応性に影響した可能性がある。ただし、屋外飼育の豚は屋内飼育の豚と比較して歩行と遊びに多くの時間を費やすので、屋内で飼育される豚と同じ量の体重を得るためにより多くの飼料を必要とする。不断給餌の場合、屋外飼育される豚は1日平均飼料摂取量（ADFI）が高くなり、その結果、飼料効率も悪くなることが指摘されている。

　肉色の赤み割合を高める効果について、彼らが行った別の試験（Genttyら2002b）で、10倍も異なる育成スペース（0.9m²/頭と9.45m²/頭）で肥育された豚間では肉色のa*値や筋線維割合が変化しなかったことから、筋線維型の変化が赤色度a*を高める原因ではない。屋外飼育の際、地被植物の摂取が可能なのでこれらに起因する可能性や、屋外豚は屋内飼育豚と同等の血中ヘモグロビン濃度に必要な鉄分を必要としない程度に血中鉄含量が高い可能性がある。つまり、土中のこれらの成分の摂取が肉色のa*を高めていると考えた。

　二つ目の試験で筋線維型が異なることの原因として、次のようなことを考察している。豚は出生時、主にI型線維（赤色筋）が多く、その後成長するにつれてIIa型およびIIb/x型線維（白色筋）に移行する。一般に、活動の増加は筋線維のIIbからIIx、IIaからIへの移行につながり、活動レベルの低下はこの経路と逆になる。運動量の増加など自発活動が最長筋のIIb/x線維に対するIIa線維の比率を大幅に増加させることが示唆された。この実験で屋外出生豚は、室内で生まれた豚よりも胸最長筋I型線維割合が多く、IIa型線維が少ない結果だった。さらに、屋外で飼育された豚は、屋内で飼育された豚よりも両方の筋肉（胸最長筋と半膜様筋）でIIa型が多く、IIb/x型線維が少なかったため、豚の仕上げ環境が筋線維型の発達に影響を及ぼす。屋外飼育は、IIa型からIIb/x型への筋線維の移行を遅延または防止する可能性がある。胸最長筋と半膜様筋の両

方の筋肉について、屋外で飼育された豚は、室内で飼育された豚よりも
IIa型線維が多く、IIb/x型線維が少なかったのは、屋外の大きな囲いで仕
上げた豚の自発運動の増加による影響を受けた可能性がある。さらに屋
外豚が屋内豚より香りの強さで良い効果を持つことの理由は、屋内飼育
の豚では狭い豚房で糞尿の上に横たわるため皮下脂肪にスカトールやイ
ンドールが屋外の豚より多いためと考えた。

2. 屋外での肥育が肉質に及ぼす影響

　スイスのBeeら（2004）はスイス大ヨークシャー種40頭（去勢と雌それ
ぞれ20頭ずつ）を使い、冬期（平均気温5℃）の屋外での飼育と屋内（平均
気温22℃）での飼育が肉質、筋肉代謝形質、筋線維特徴に影響を調べた。
平均体重が23.3kgでそれぞれ半分ずつ屋外と屋内飼育用に分け105kgま
で、期間は12月から3月まで飼育し、105kgで屠畜した。屋外飼育豚は
屋内飼育豚より発育が悪く、筋肉質だった。さらに、半腱様筋の筋肉内
脂肪は飼育条件により影響されないが、胸最長筋の筋肉内脂肪は舎外飼
育豚が舎内飼育豚より有意に少なく、大腿直筋では高い傾向だった。ま
た、胸最長筋の脂肪酸組成は舎外飼育豚が舎内飼育豚より高度不飽和脂
肪酸割合が多く、モノ不飽和脂肪酸と飽和脂肪酸が少ない結果となった。
また、屋外飼育豚の解糖系筋肉の有酸素容量が増加するが、他の肉質へ
の影響はほとんどないことが示唆された。

　また、米国のPattonら（2008）は、生後4か月の時点で屋外（床がトウ
モロコシの茎またはストローを備えたテントのようなフープ構造の大き
なシェルター内での飼育）または屋内のいずれかに雌豚を割り当て、豚
の成長性能、肉質および脂質組成に対する仕上げ環境の影響を比較した。
試験は8月から11月までの間に合計5回繰り返し行った。フープ環境で
飼育された豚は屋内で飼育された豚より飼料効率は優れたが、一日平均
増体量は有意に劣った。また、10番胸椎の脂肪厚が薄く、枝肉除脂肪
筋肉割合が高く、マーブリングスコアが有意に減少した。さらに、脂肪
組織の高度不飽和脂肪酸とオレイン酸などのモノ不飽和脂肪酸が増加し、

飽和脂肪酸が減少した。脂肪酸の組成および脂質沈着の変動は環境温度によって引き起こされた可能性がある。これらのデータは、屋外のフープ構造で豚を肥育することは、豚が気温の変動に暴露されるため、豚の成長や豚肉製品の脂肪酸組成や硬さが影響を受ける可能性があることを示唆している。

　二つの試験から、屋外での肥育は季節により気温が変化し、気温の変化は制御できないので脂肪の蓄積、脂肪酸の種類などが影響を受けることが注意点だろう。

3. 地方品種や飼料添加物を利用した放牧肥育

　豚の品種によっては、他の豚よりも肉質が優れていることが知られている。たとえば、バークシャー種は風味がよく肉質が優れているため、純血種のバークシャーから生産される豚肉に高い価格が設定されている。屋外環境での肥育でもこれらの肉質が維持できれば、独自の製品として差別化を図れるニッチポーク市場でプレミアム商品として販売できる可能性がある。

　Almeidaら（2018）は、スペインのイベリコ豚（IB）とランドレースと大ヨークシャー種の交雑豚（F1）の二つの遺伝的グループをそれぞれ60頭と58頭使い、一般の舎外と屋外の放牧群の二つの飼育群に分け、体重85kgから160kgまで飼育した後、屠畜して肉質を調査している。放牧群（IB：n=30、F1：n=28）の豚は、平均体重が85kgから放牧され、オークの木とコルクの木の森で、ドングリと草や果実を自由に摂取する群である。その結果、遺伝的グループは、調査した肉質に大きな影響を与える主な要因であり、すべての肉の物理化学的特性および感覚的属性に大きな（P < 0.01）影響を与えた。F1豚と比較して、IBは筋肉内脂肪含有量と霜降りスコアに優れ、肉色も優れ、剪断力価が低く柔らかく、官能試験でも柔らかい肉を生産した。一方、肥育システムはほとんどの物理的特性に影響し、放牧区が舎内区より保水性は劣ったが、加熱損失率、剪断力価は優れ柔らかい肉だった。また、肉の化学組成には影響せず、官

能試験でも差が認められない結果となった。この研究の結果では、肉質
への影響は遺伝的要因が大きく、放牧と舎外の肥育環境の効果は明確な
メリットは見いだせないと結論している。従って、放牧による肉質への
付加価値も使用する豚の遺伝的特徴に依存すること、すなわち放牧すれ
ばどんな豚でも付加価値が高まるのではないことが重要な点である。

　世界では地方品種の屋外での飼育による肉質の研究が多くある。イタ
リアの地方品種の Nero Siciliano 豚についての Pugliese ら（2004）の報告
では放牧により枝肉全体の脂肪割合は減少するが、筋肉内脂肪は増加し、
肉色が明るく、皮下脂肪のモノ不飽和脂肪酸割合が高く、豚のアテロー
ム発生と血栓形成の指数が低下することを紹介している。さらに、チェ
コの Dostalova ら（2020）は、在来種の Prestice Black-Pied を屋内と屋外で
飼育した結果、屋外豚は、屋内豚と比較して、n-6/n-3 比、多価不飽和脂
肪酸、飽和指数、動脈硬化指数、および血栓形成指数の比率が低く、枝
肉の特性、肉の物理的な品質特性（pH45、pH24、ドリップロス、保水
力）、または肉の化学組成（粗タンパク質、コレステロール、筋肉内脂肪、
ヒドロキシプロリン、およびトコフェロール）に差異はないが、肉の官
能評価では柔らかさ、ジューシーさ、噛みごたえの評価スコアは低いも
のの、全体的な受容性は優れていると結論している。

　放牧豚では一般に運動により筋肉が酸化状態になる。酸化状態の筋肉
の酸化ストレスを改善するため、イタリアの Forte ら（2017）は天然抗酸
化化合物であるオレガノ精油を飼料に 0.2% 添加給与することで豚肉の
品質を改善する研究を発表している。サホークハイブリット豚合計 72
頭を使い、屋内と屋外放牧飼育の二つの区に分けて 2012 年 6 月から翌年
の 1 月までと 2013 年 6 月から翌の 1 月まで、2 回の反復試験を行ってい
る。オレガノ油は耐寒性の多年生草木の灌木でハッカ（シソ科）属の葉
と花から抽出され、天然抗酸化剤である植物性化学物質であるフェノー
ル類を豊富にふくむハーブ油で抗酸化、抗菌作用があるとされている。
屋外飼育区は屋内飼育と比べ発育は遅くなったが、酸化的損傷からの保
護の指標であるグルタチオンペルオキシダーゼ（glutathione peroxidase：

GSHP)、酸化的ストレスの指標であるグルタチオンレダクターゼGR)
の酵素活性、さらに脂質過酸化の測定方法として広く利用されている
TBARS測定の結果、オレガノ添加により肉の酸化状態も改善される結
果となった（表2）。消費者テストでは、オレガノグループは、コント
ロールと比較し飼育システムに関係なく、全体的な好みについて最高の
スコアを獲得した。この研究ではオレガノ精油を飼料に添加給与してい
るが、リンゴ粕、焼酎粕など廃棄される未利用資源等を活用した取り組
みにより、こうした肉質の酸化安定性などを高める可能性も考えられる。

表2. 豚肉の酸化状態への飼育と飼料へのオレガノ油添加給与の効果

(文献XI-11) p356，表4より作成

| | 屋内 | | 屋外 | | | P値 | | |
	対照区	オレガノ添加区	対照区	オレガノ添加区	SEM	飼料(D)	飼育(R)	D × R
GSHPx U//mg 蛋白	33.94	34.00	33.00	30.00	3.20	ns	ns	ns
GR mU/mg 蛋白	4.14	3.50	3.21	4.04	0.20	ns	ns	ns
TBARs（mg MDA/kg)	0.24	0.16	0.30	0.17	0.02	<0.001	ns	ns

SEM：平均値の標準誤差

　近年、これまでの集約的な農業生産が中心とされる中で、環境の持続
可能性と動物福祉をサポートする取り組みも重要な課題とされてきてい
る。食品業界でも豚肉のニッチ市場を強化し、屋外養豚を実践している
小規模農家の対象者を拡大する必要性も指摘されている。ただし、取り
組みの効果を最大化するためには、農家や研究者が製品の品質を改善し、
製品の差別化を科学的にサポートすることが必要と思われる。

XII. バイオマーカーによる肉質評価

　豚が生きている間は体の保持と運動など重要な機能を果たす筋肉は、
屠殺により一連の生物学的プロセスを経過して食肉となる。子豚期、育
成期、肥育期と成長するにつれて、筋肉の線維数と大きさ、筋線維型の
割合は変化するが、これらの変化は個体によりばらつく。ばらつき（変
異）は、個体の遺伝的能力と飼料条件などを含む環境要因、遺伝的能力
と環境要因との交互作用により生じる。豚が摂取した栄養成分は分解、
吸収され、アミノ酸からタンパク質、脂肪酸から脂肪などが合成、蓄積
され発育が進む。この過程で栄養条件、飼育環境条件に応じて種々の関
連遺伝子が発現し、表現型としての筋肉が完成する（図1）。両親から受
け継がれた遺伝的能力だけではなく、栄養成分と飼育環境条件が最終的
な筋肉成長に影響を及ぼす。

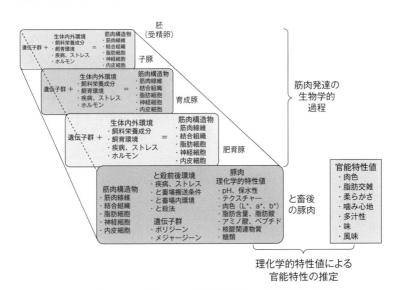

図1. 筋肉発達の生物学的過程と理化学的特性値および官能特性との関係

生きている時の筋肉の特徴が、死後の食肉へと引き継がれ、最終的に食肉の外観（色、霜降りなど）や食感（味、優しさ、ジューシーさ、噛み心地）などの官能的特性の特徴を作ることになる。従って、成長時の筋肉組織の組成と代謝特性は、死後の肉質に影響する。

　食肉のおいしさと関連する筋肉成長時の生物学的な指標（バイオマーカー）が見つかり、簡易に測定することができれば、これを指標とする育種改良や食肉生産が可能かもしれない。生きている間の筋肉組織の組成や代謝特性、さらに、死後の食肉に影響する要因を再整理し、最後に食肉のおいしさに関連するバイオマーカーの開発研究を紹介する。

1. 肉質に影響する筋肉構成要素

（1）筋線維型

　筋肉は、異なるタイプの筋線維、脂肪細胞、神経細胞、内皮細胞、および結合組織を含むいくつかの細胞または組織タイプからなる複雑な組織である。筋線維型は、赤色筋（遅筋）のⅠ型、白色筋（速筋）のⅡa、Ⅱxおよび Ⅱb に分類される。筋線維型は、表1に示すように肉の品質特性の色だけでなく、生体内および死後の筋肉エネルギー代謝を直接決定し、理化学的および官能的肉質特性に大きな影響を与える。特に、筋線維の

表1．筋線維型による代謝特性と肉質形質の理化学的特性

	赤色筋（遅筋）	白色筋（速筋）
脂肪代謝能	高い	低い
解糖能	低い	高い
収縮・弛緩速度	遅い	早い
線維直径	細い	太い
柔らかさ	柔らかい	かたい
グリコーゲン	少ない	多い
乳酸生成	少ない	多い
pH	高い	低い
ドリップロス	少ない	多い
筋肉内脂肪	多い	少ない
イノシン酸	少ない	多い
遊離アミノ酸	多い	少ない

エネルギー源である蓄積グリコーゲン含有量は、死後のプロセスのなか
でpHに影響を与え、多いほど乳酸が多く生成されpHの低下が大きく
なる。さらに、IIb型線維は一般にI型線維よりも断面積が太く、IIb 型
の断面領域は、I型およびIIa型よりも2倍大きくなる。
　豚の胸最長筋ではI型、IIa、IIx、IIb型線維の割合はそれぞれおよ
そ10%、10%、25%、55%である。そして、品種、性、年齢、体の活動、
環境温度、飼料内容の影響を受ける。この組織学的な違いは、ドリップ
ロスや他の重要な肉の品質決定要因に関連していることが分かっている。
さらに、成長に伴う筋肉容積の増加は、筋線維数の増加と面積の肥大を
伴うが、豚の半腱様筋では5週齢までは筋線維数が増えるがそれ以降は
直径だけ肥大することが明らかにされている（図2）。

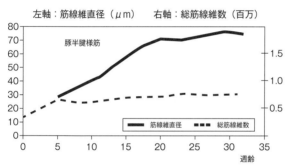

図2. 豚の半腱様筋の発育に伴う筋線維数と筋線維直径の変化
（文献XII-5）p236，図1より引用

　水野谷(2016)は、豚肉の筋線維タイプと遊離アミノ酸およびジペプチ
ドレベルを調べた結果、速筋タイプが主体の筋組織ではカルノシン、ア
ンセリンなどのイミダゾールジペプチドレベルが高く、遅筋タイプでは
タウリンとグルタミンレベルが高い。また総遊離アミノ酸レベルも遅筋
タイプで高かった事などから、I型の遅筋タイプが多いほど遊離アミノ
酸に由来する味質全てが強まると考えられることを指摘している。
　イノシン酸などの核酸関連物質のレベルも筋線維タイプ組成比で変化

する事が千国ら（2013）によって報告されている。うま味増強物質のイノシン酸（IMP）はⅡb型の速筋タイプ主体の筋組織で高く、IMPの最終分解物であるヒポキサンチンはⅠ型の遅筋タイプ主体の筋組織で高い値を示していたことなど、筋肉線維型の違いにより肉の味が異なることが予想される。

（2）結合組織

　筋肉内結合組織も食肉の官能特性に影響する。結合組織は3つのポリペプチド鎖が互いに巻き上がったらせん状の構造であるコラーゲンから構成されており、コラーゲンの架橋の割合と程度は、筋肉の種類、品種、遺伝子型、年齢、性別や運動の程度に依存する。

　著者らが実施したデュロック種の系統造成試験では筋肉内脂肪の増加に伴い肉の柔らかさを示すTendernessが低下して柔らかくなった。調査頭数は225頭と少ないが筋肉内総コラーゲン含量も選抜に伴い増加した。しかし、Tendernessと可溶性コラーゲン、不溶性コラーゲンとの遺伝相関は0.10以下と低い値を示した。一方で、筋肉内脂肪と可溶性コラーゲン、不溶性コラーゲンとの遺伝相関は0.45程度と比較的高く、筋肉内脂肪の増加に伴い、コラーゲン含量も増加していることが示唆されている（Suzukiら2005）。

（3）筋肉内脂肪

　筋肉間脂肪と筋肉内脂肪の脂肪組織も肉の食感に影響する。筋肉内脂肪は主に構造脂質、リン脂質、貯蔵脂質（トリグリセリド）で構成されるが、トリグリセリドが大部分（約80%）を占める。筋組織内に存在する脂肪には複数の種類があるので区別が必要であると水野谷（2016）が指摘している。「筋間脂肪（ intermuscular fat)」とは、筋肉の第二次筋束の周囲を取り巻いている結合組織（外筋周膜）に沈着した脂肪で、筋肉の間に普通に認められる脂肪がこれである。一方「筋肉内脂肪（ intramuscular fat：IMF)」とは、筋肉の第一次筋束の周囲の結合組織（内筋周膜）に

沈着した脂肪で、通常の飼育では沈着しにくいが、これが細かく多量に分散したものが牛肉の脂肪交雑（霜降り）である。さらに、筋線維内にも脂肪滴の形で脂肪が一部蓄積されており、これらは「筋線維内脂肪（intramyocellular triacylglycerol, IMTG）」と定義されている。人でも豚でも、Ⅰ型筋線維とⅡa型筋線維では、オイルレッドO染色で濃染される線維が多いことから、これらの筋線維ではIMTGが多い。IMFは筋束間に存在する脂肪組織のことであり、IMTGは筋線維内に蓄積された脂肪滴である。すなわち脂肪の蓄積場所が異なる。IMTGは筋線維の脂肪取り込みや脂肪合成および脂肪蓄積に関わる特性をもち、筋線維の脂肪代謝に関わる遺伝子発現で決まることが知られていることが紹介されている。

　ところで、豚の胸最長筋の第5胸椎よりも最後胸椎の後半部位の方で肉眼的に脂肪交雑が多いように見えるが、化学分析の結果では第5胸椎部分の方が脂肪含量は多い（小川ら1998）。また、脂肪の蓄積は脂肪細胞の数と大きさにより決まるが、脂肪細胞数はある程度遺伝的な要素が高く、一方、脂肪細胞の大きさは発育の程度や栄養環境などにより影響されると思われる。一般的に国産豚肉の筋肉内脂肪は2.0〜3%の間だが、これが5%程度に増えると明らかに食感を含む味覚が変化する。また、この脂肪蓄積が脂肪細胞の数の増加によるのか、あるいは大きさの増加によるのか、さらには筋肉内での蓄積か筋線維内での蓄積によるのか、これらの違いが脂肪の質あるいは味覚にどのように影響するのかは明らかでない。

2. 死後の肉質に及ぼす要因

(1) 柔らかさ、保水性、pH

　豚は食肉市場で屠殺後、枝肉は通常4℃の冷蔵室で貯蔵される。貯蔵期間に死後硬直、熟成が始まり、タンパク質分解酵素のカルパインなどタンパク質分解酵素より細胞および筋肉組織のタンパク質分解が起こる。また、結合組織も形態学的変化を受け、コラーゲン可溶化の促進、肉の

柔らかさが向上する。さらに、タンパク質が分解されてアミノ酸が生成される。一方、ATPはADPからイノシン酸、イノシン、ヒポキサンチンなどに分解される。貯蔵中には、筋肉の内部構造が変化し、筋線維は横に収縮し、細胞外の水を細胞外空間に排出しこの水は筋肉の切断端で排出される。肉の品質は、肉の保水能力、すなわち、その本質的な水を保持する能力と関連する。保水能力は、pHの低下速度とpH値の影響を強く受けるので肉質の主な指標となる。筋線維型も保水能力などの肉質に影響を与える。pH低下は、Ⅰ型筋線維よりもグリコーゲンの多く含まれるⅡ型でより速く起こる。

(2) 肉色

筋線維の組成は、ミオグロビンの量と化学状態を介して肉色に影響を与える。Ⅰ型およびⅡa型線維のミオグロビン含有量が高いほど、赤色強度が強まる。真空下に貯蔵された肉では、ミオグロビンは還元された状態にあり、紫色の赤色を示す。酸素にさらされると、ミオグロビンはオキシミオグロビンに酸化され、明るい赤色となる。肉の貯蔵中に、ミオグロビンはメトミオグロビンに酸素化され、茶色に変色する。

筋肉組成特性と肉の理化学的特性および官能特性との関係を理解しやすいように図3にまとめた。

3. 食肉の食味性に関するバイオマーカー

おいしい豚肉を生産するためには、実際に食べておいしいと評価される肉質の指標となるものを見つけ、この指標を目標に生産を進めれば良い（図3）。おいしさの官能評価は、肉の柔らかさ、多汁性、香り、味などにより決まる。一方、肉質評価指標とは、理化学的に測定できる客観的な測定値である。おいしさ官能評価と理化学的な測定値との関連が明らかになればおいしい豚肉を生産できるが、簡単なことではない。肉の品質は複数の成分の影響を受ける複雑な形質である。生きている間は筋肉として、屠畜後は食肉に変換する筋肉の生物学的、生化学的プロセス

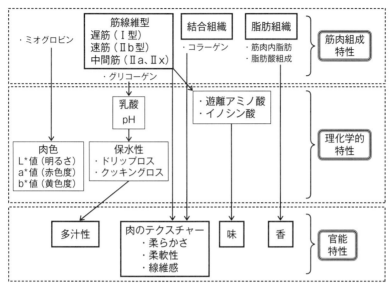

図3. 筋肉組成特性と肉の理化学的特性および官能特性との関係

全体を把握しながら、官能評価特性と関連する理化学的測定項目、さらには生きている状態でのバイオマーカーを見つけることができれば、特定の品質を持つ豚肉の生産が可能となるだろう。

　現在、ゲノムレベルでの遺伝子型判定、ゲノムのメチル化パターン（エピジェネティック）、トランスクリプトミクス、プロテオミクス、メタボローム解析などの手法により、肉質の異なる系統や品種の肉の解析情報が得られてきている。te Pasら（2017）による豚の肉質に関連するバイオマーカーに関する研究の取り組みを紹介する。

（1）テーブルミートを対象として

　ドイツの品種として有名なピエトレイン品種は、枝肉歩留りと赤肉割合は高いがストレス症候群（PSS）の頻度が高いことでも有名である。そこで、肉色、pHの二つ形質を対象として2種類の豚肉の遺伝子発現（トランスクリプトームプロファイル）を比較した。その結果、2つのグルー

プで異なる発現を示した遺伝子は、筋収縮および収縮性線維タイプ、酸素輸送、ならびに細胞内プロセスなどの筋肉特異的プロセスに関連している事が明らかとなった。これらの遺伝子のうち10個について、他の豚集団である大ヨークシャー種を対象とした検証試験を行った。遺伝子発現結果を使い、肉質形質に対する各遺伝子の寄与率を計算した結果、最良適合モデルでは、肉質形質の最終pHの表現型分散の55%を説明し、肉色形質についても同様の傾向が確認された。

(2) 加工肉

　高品質な乾式生ハムの芳香は主にタンパク質と脂肪の分解に由来し、脂肪分解は主に製造温度によって影響を受けるが、タンパク質分解は塩によって阻害される。事前に行われた研究では、これらのピークのいくつかは筋肉線維型特異的タンパク質を示した4純粋品種（デュロック種、大ヨークシャー種、ランドレース種、ピエトレイン種）で比較したところ、タンパク質のピークと肉質特性、主に保水力と食感の間の関連が明らかになった。

　統計的関連研究により、ドリップロス、最終pH、色、脂肪蓄積など、いくつかの特性についてのバイオマーカーが明らかになり、最終pHおよびドリップロスに関するバイオマーカープロファイルは、最大で80%を超える予測能力を示した。バイオマーカーに含まれるタンパク質の数は形質ごとに異なり、筋肉内脂肪については、脂肪酸結合タンパク質（FABP）遺伝子のみが含まれていた。

(3) 高品質豚肉

　官能特性の高い豚肉に関する生物学的メカニズムを解読し、高品質の肉のバイオマーカーを同定するために、2つの対照的な品種、大ヨークシャー種とフランスの地元のバスク（B）種を使った。それぞれ20頭の胸最長筋のトランスクリプトーム分析では約9,000の固有遺伝子に対応するカスタム15Kマイクロアレイを使用した。特に、バスク豚につい

て、集約的な飼育と慣行的な二つの生産システム下で飼育した豚の死後30分後のpH、肉色、保水性、せん断力価と胸最長筋のマイクロアレイによる遺伝子発現を比較した。その結果、集約的飼育下では117の遺伝子発現が上方制御され、慣行的な飼育下では150の遺伝子が下方制御された。さらに図4に示したように肉質形質と遺伝子の発現情報を組み合わせて相関係数を算出し、最終的には、1つの遺伝子の発現レベルが1つの品質形質の変動の46%まで説明できる結果が得られた。例えば、最終pHのバイオマーカーとして、ANKRD1（アンキリンリピートドメイン1）の発現が有効であることがわかった。これらの相関関係には、合計26個の遺伝子と8個の肉質形質が含まれていた。さらに、3〜5個の遺伝子を含む重回帰モデルによって、肉質の表現型のばらつきの59%までが説明され、肉の色、最終pH、ドリップロス、筋肉内脂肪について最良のモデル（最高R^2）が見つかった。

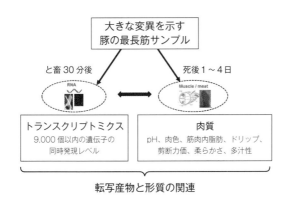

図4. 筋肉のトランスクリプトーム分析による肉質の
バイオマーカーの同定：筋肉15Kマイクロアレイと個々の肉質特性

（最終pH；色：明度、赤色度、黄色度；多汁性；筋肉内脂肪含有量；せん断力；官能性）

（文献XII-4）p277. 図1より作成

　tePasらが紹介したような研究を進めることで、筋肉から肉への変換と高品質な肉質の根底にある生物学的メカニズムが明らかになり、それ

らの形質がどのように複雑に互いが関連しているのかの理解が可能となる。遺伝子発現などの研究では、屠畜前に胸最長筋などのサンプルを採材する必要があるので、こうした研究は技術的にも経済的にも困難を伴う。現在のところ、国内の畜産関係の研究機関でこうした研究の事例は存在しない。表現型としての屠畜後の肉質をゲノムワイドな遺伝子型（遺伝学）、ゲノムワイドなメチル化パターン（エピジェネティック）、トランスクリプトミクス、プロテオミクス、およびメタボロームパターンなどの技術を駆使して生物学的根拠を明らかにすることは重要である。これまでの研究から全ゲノム関連研究による遺伝子分析がゲノム効果のほんの一部にすぎないことが明らかとなっている。エピジェネティックな効果とか、トランスクリプトームレベル、プロテオームレベル、およびメタボロミクスレベルでの調節が強く関係しており、肉質形質について複雑な特徴を理解するためにはこうした情報全体の統合が必要であり、そのための統計的解析力も課題となる。

まとめ

　バイオマーカーの概念の例として、人の2型糖尿病のバイオマーカーである血糖値が、糖尿病の患者によってどのくらいの量のインスリンを使用するかを決定する指標となる。糖尿病の原因因子はインスリンの欠乏またはインスリン抵抗性である。血糖値の測定は、簡単、迅速で安価である。したがって、血糖値測定は、糖尿病を予測および診断するためのバイオマーカーとなる。特性の根底にある生物学的メカニズムが分かれば、利用可能な多くの潜在的なバイオマーカーが存在すると結論付けることができる。問題はそれらをどのように発見するかである。予測能力が高く、容易かつ安価な方法で、血液や排泄された体液などの組織から非侵襲的または簡単で安価なサンプリング方法としての高品質な豚肉のバイオマーカーの発見が期待される。

あとがき

　日本の養豚産業は、海外から輸入する飼料穀物の価格高騰や豚熱感染対策など生産者にとって大変厳しい状況にある。そのため生産効率を高める技術の開発が必要とされてきている。その一つとして、海外の育種企業が改良した繁殖能力に優れた母豚（1母豚当たり年間30頭前後の離乳頭数）の利用が進んできている。一方で、ランドレース種、大ヨークシャー種など雌系純粋種の国内での遺伝的改良が期待されている。しかし、期待どおりの改良成果とはなっていない。海外の育種会社では数千頭規模の純粋種集団で科学的な育種方法により改良を進めている。これに対し、国内では民間、公的機関などの育種組織が、多くとも数百頭規模の集団での改良が現実である。著者が支援している農場では、小規模でも純粋種の繁殖能力が着実に改良されているものの国全体としての改良は不十分なのが実態である。これらの繁殖母豚の肥育豚に占める血液割合は50%なので、繁殖母豚の肉質が肉豚の肉質にも影響する。

　海外の高能力繁殖母豚を利用して生産した豚肉と国産繁殖母豚を使い生産した子豚を同一条件下で飼育し、肉質を評価した成績は残念ながら見られない。しかし、海外の高能力繁殖母豚を使い生産した豚肉の試食や、海外で生産された豚肉と国産豚肉との比較では国産豚肉の肉質の優位性を示す情報もある。海外の高能力繁殖豚は、繁殖性と同時に飼料効率に重きを置き改良を進めている。本書では紹介できなかったが、アイオワ州立大学とフランスの研究機関のINRAでは飼料効率（改良指標としては余剰飼料摂取量）を遺伝的に改良する9世代の選抜試験を行った。その結果、飼料効率は優れたが保水性、肉色、筋肉内脂肪などの理化学的形質、官能試験など肉質に悪い影響をもたらすことが明らかにされている。肉質は繁殖能力と比べ遺伝率が比較的高いため、育種改良が比較的容易である。遺伝率が低い繁殖能力でも科学的手法により改良が可能

なことは前述したとおりである。繁殖能力も肉質も育種改良手法は同じである。ランドレース種や大ヨークシャー種の繁殖能力はもちろん、肉質を左右するデュロック種の肉質の改良を着実に進めることが、国内の養豚産業を守り発展させる鍵になると思われる。その際、どんな特徴を持つ肉質の種豚に改良するかが重要である。

　本書では豚の肉質の基本から、肉質に影響する遺伝的影響、飼料や飼育環境などの環境条件が影響する事例について、日本を含む海外の研究成果を取りまとめて紹介した。食べておいしい肉質の豚肉とはどんな肉なのか。豚肉も含め食肉のおいしさは調理の方法により調整可能である。しかし、調理の素材となる豚肉が優れた肉質であれば尚更おいしい豚肉となるはずである。著者らが育種改良したデュロック種しもふりレッド集団はすでに20年も経過している。2021年5月30日、NHK BS1「Cool Japan」発掘！かっこいい日本豚肉〜 Pork 〜の番組で、しもふりレッド豚肉が取り上げられた。試食した外国人からもそのおいしさが絶賛された。このデュロック種についての理化学的分析や試食の結果から、柔らかくて弾力性があり、保水性に優れて味の良いものが私の評価する豚肉の基準である。おいしい肉豚生産の手法を本書で紹介した内容から提案できれば良いのだが、肉質を左右する科学的根拠を全て網羅できてはいない。肉の柔らかさは筋線維型、筋線維の太さ、結合組織を構成するコラーゲン量、死後のタンパク質分解酵素のカルパイン活性などが影響すると考えられる。しかし、それぞれがどの程度寄与しているのかさえ未解明である。このようにまだまだ取り組むべき課題が残されているのである。本書をきっかけに、よりおいしい豚肉生産技術を体系化できればと考えている次第である。

　本書の出版にあたり、原稿を読んで貴重なご意見をいただいた中部大学食品栄養科学科　根岸晴夫教授に心から感謝し、御礼申しあげる。

参考文献

Ⅰ．食肉としての筋肉の基本構造

1) Listrat A, et al, 2016. How Muscle Structure and Composition Influence Meat and Flesh Quality. Scientific World Journal, Article ID 3182746, 14 pages.

2) 西邑隆徳．2015．食肉の構造．p46-56．松石昌典，西邑隆徳，山本克博編著．肉の機能と科学．朝倉書店．東京．

3) Lefaucheur L, et al, 2002. New insights into muscle fiber types in the pig. The Journal of Histochemistry & Cytochemistry 50, 719-730.

4) 水野谷航．2016．骨格筋線維タイプと食肉の肉質に関する現在までの知見．食肉の化学 57, 7-17.

5) 渡邊康一．2016．筋線維型と食肉のおいしさ―反芻動物特異的Ⅰ型筋線維の産肉論的機能形態学解析―．東北畜産学会報 66, 1- 6.

Ⅱ．筋肉から食肉への変化

1) 中村桂子，松原謙一監訳, Alberts B, et al, 2017. 細胞骨格．p889-962．細胞の分子生物学 第6版．株式会社ニュートンプレス，東京．

2) 増田敦子．2015. 解剖整理を面白く学ぶ．サイオ出版，東京．

3) 松石昌典．沖谷明紘，2015．食肉の熟成とおいしさ．57-88．松石昌典，西村隆徳，山本克博編著．肉の機能と科学．朝倉書店．東京．

4) 清水俊郎，鈴木啓一，渡部正樹，小川ゆう子．2000．肉豚の肥育期間，ロース部位および肉の熟成が肉質に及ぼす影響．日豚会誌 37, 108-114.

5) Braden KW, Converting Muscle to Meat: The physiology of Rigor. P79-97. In The Science of Meat Quality. Edited by Kerth CR. Published 2013 by John Wiley & Sons, Inc. NJ. USA.

6) Qingwu WS, Min D. 2016. Conversion of muscle to meat. Pp81-99. In Meat quality. Genetic and Environmental Factors. Edited by Przybylski W, Hopkins D. CRC press NW.

7) 西邑隆徳，高橋興威，1995．食肉の軟らかさと筋肉内結合組織の関連について．Japanese Journal of Dairy and Food Science 44, A166-176.

8) 千国幸一，佐々木啓介，本山三知代，中島郁世，尾嶋孝一，大江美香，室谷進，2013．ブタ肉中のイノシン酸含量におよぼす筋肉型の影響．日本養豚学会誌 50, 8-14.

Ⅲ．肉質の評価法

1) 豚枝肉取引規格, http://www.jmga.or.jp/standard/pork/　公益社団法人日本食肉格付協会．　2020.11.1

2) 消費動向調査，販売店調査, http://www.jmi.or.jp/info/survey.php?id=52，平成 22 年度．公益財団法人日本食肉消費総合センター

3) Hovenier R, et al, 1993. Breeding for pig meat quality in halothane negative populations．A review. Pig News Inf. 14:17N-25N.

4) 山野善正，山口静子．1994．おいしさの科学．朝倉書店．東京．

5) Christy L. Bratcher, 2013. Trained Sensory Panels, p207-213. in The Science of Meat Quality, Edited Chris R, Kerth, John Wiley & Sons, Inc.

6) Curtis PC, 2013. Untrained Sensory Panels. P215-231. in The Science of Meat Quality, Edited Chris R, Kerth, John Wiley & Sons, Inc.

7) Cox R, 2013. Consumer Sensory Panels. P233-248. in The Science of Meat Quality, Edited Chris R, Kerth, John Wiley & Sons, Inc.

Ⅳ．肉質に及ぼす品種，系統の影響

1) Sosnicki AA. 2016. Pork qualiy, in Meat quality genetic and environmental factors, ed by Wieslaw Przybylski, and David Hopkins. CRC Press. Ney York. p365-390.

2) National Pork Producers Council. 1995. Genetic Evaluation, Terminal Line Program Results. Des Moines: NPPC.

3) 鈴木啓一，清水ゆう子，阿部博行，斗内桂子，鈴木惇. 2001．豚肉質の品種間，性間および胸最長筋部位間の比較．日本畜産学会報 72, 215-223.

4) 鈴木啓一，阿部博行，小川ゆう子，石田光晴，清水隆弘，鈴木惇．1997．3 元交雑豚の肉質に及ぼす止め雄品種の影響．日本畜産学会報

68, 310-317.

5） Suzuki K, et al, 2003. Meat quality comparison of Berkshire, Duroc and crossbred pigs sired by Berkshire and Duroc. Meat Science 64, 35-42.

6） Listrat A, et al, 2016. How Muscle Structure and Composition Influence Meat and Flesh Quality. The Scientific World Journal. Article ID 3182746, 14 pages.

7） Ryu Y,C et al, 2008. Comparing the histochemical characteristics and meat quality traits of different pig breed. Meat Science 80, 363-369.

8） Kim NK, et al, 2008. Comparisons of longissimus muscle metabolic enzymes and muscle fiber types in Korean and western pig breeds. Meat Science 78, 455-460.

9） Lefaucheur L, et al, 2011. Muscle characteristics and meat quality traits are affected by divergent selection on residual feed intake in pigs. Journal of Animal Science 89, 996-1010.

10） Lefaucheur L. 2010. A second look into fibre typing - Relation to meat quality. Meat. Science 84, 257-270.

11） Yamaguchi S, et al., 1971. Measurement of the relative taste intensity of some L-α-amino acids and 5′-nucleotides. Journal of Food Science 36, 846-849.

Ⅴ．イノシシから豚への家畜化とは　―筋線維型と肉質との関係―

1） Fazarinc G, et al, 2017. Dynamics of myosin heavy chain isoform transition in the longissimus muscle of domestic and wild pigs during growth: a comparative study. Animal 11, 164-174.

2） Ruusunen M, et al, 2004. Histochemical properties of fibre types in muscles of wild and domestic pigs and the effect of growth rate on muscle fibre properties. Meat Science 67, 533-539.

3） Chang KC, et a., 2003. Relationships of myosin heavy chain fibre types to meat quality traits in traditional and modern pigs. Meat Science 64, 93-103.

4） Ryu YC, et al, 2008. Comparing the histochemical characteristics and meat quality traits of different pig breeds. Meat Science 80, 363-369.

5） Kim JM, et al, 2018. Estimation of pork quality in live pigs using biopsied muscle fibre number composition. Meat Science 137. 130-133.

6) 千国幸一, 佐々木啓介, 本山三知代, 中島郁世, 尾嶋孝一, 大江美香, 室谷進. 2013. ブタ肉中のイノシン酸含量におよぼす筋肉型の影響. 日豚会誌 50, 8-14.

Ⅵ. 肉質の遺伝的改良

1) Chen P, et al, 2002. Genetic parameters and trends for lean growth rate and its components in U.S. Yorkshire, Duroc, Hampshire, and Landrace pigs. J. Anim. Sci., 80, 2062-2070.

2) Fix JS, et al, 2010. Differences in lean growth performance of pigs sampled from 1980 and 2005 commercial swine fed 1980 and 2005 representative feeding programs. Livest. Sci. 128, 108-114.

3) Ciobanu D, et al, 2011. The Genetics of the Pigs, (2nd edit.), (Rothschild M.F, Rubinsky A), pp. 355-389, CAB Int, New York.

4) Hovenier R, et al, 1992. Genetic parameters of pig meat quality traits in a halothane negative population. Livest Prod Sci 32, 309-321.

5) Sellier P, et al, 2010. Genetic parameters for tissue and fatty acid composition of backfat, perirenal fat and longissimus muscle in Large White and Landrace pigs. Animal 4, 497-504.

6) Miar Y, et al, 2014. Genetic and Phenotypic Correlations between Performance Traits with Meat Quality and Carcass Characteristics in Commercial Crossbred Pigs. PLoS ONE 9, e110105.

7) Hermesch S, et al, 2000. Genetic parameters for lean meat yield, meat quality, reproduction and feed efficiency traits for Australian pigs: 2. Genetic relationships between production, carcase and meat quality traits. Livest. Prod. Sci. 65, 249-259.

8) van Wijk HJ, et al, 2005. Genetic parameters for carcass composition and pork quality estimated in a commercial production chain. Journal of Animal Science 83, 324-333.

9) Schwab CR, et al, 2006. Effect of long-term selection for increased leanness on meat and eating quality traits in Duroc swine. Journal of Animal Science 84, 1577-1583.

10) Hoque MA, et al, 2007. Genetic parameters for measures of the efficiency

of gain of boars and the genetic relationships with its component traits in Duroc pigs. Journal of Animal Science 85, 1873-1879.

11） 兵頭勲，1997．畜産の研究 51，19-24.

12） Suzuki K, et al, 2005a. Selection for daily gain, loin-eye area, backfat thickness and intramuscular fat based on desired gains over seven generations of Duroc pigs. Livestock Production Science 97, 193 - 202.

13） Suzuki K, et al, 2005b. Genetic parameter estimates of meat quality traits in Duroc pigs selected for average daily gain, longissimus muscle area, backfat thickness, and intramuscular fat content. Journal of Animal Science 83, 2058-2065.

14） Schwab CR, et al, 2009. Results from six generations of selection for intramuscular fat in Duroc swine using real-time ultrasound. I. Direct and correlated phenotypic responses to selection. Journal of Animal Science 87, 2774-2780.

15） Schwab CR, et al, 2010. Results from six generations of selection for intramuscular fat in Duroc swine using real-time ultrasound. II. Genetic parameters and trends. Journal of Animal Science 88, 69-79.

16） Merks JWM 2000. The challenge of genetic change in animal production. BSAP Occasional Publication 27, 8-1.

Ⅶ．ゲノム情報を活用した肉質改良

1） PigQTLdb. https://www.animalgenome.org/cgi-bin/QTLdb/SS/index.

2） Soma Y, et al, 2011. Genome-wide mapping and identification of new quantitative trait loci affecting meat production, meat quality, and carcass traits within a Duroc purebred population. Journal of Animal Science 89, 601-608.

3） Uemoto Y, et al, 2011a. Genome-wide mapping for fatty acid composition and melting point of fat in a purebred Duroc pig population. Animal Genetics 43, 27-34.

4） Uemoto Y, et al, 2011b. Fine mapping of porcine SSC14 QTL and SCDgene effects on fatty acid composition and melting point of fat in a Duroc purebred population. Animal Genetics 43, 225-228.

5） Uemoto Y, et al, 2012a. Mapping QTL for fat area ratios and serum leptin concentrations in a Duroc purebred population. Animal Science Journal 83, 187-193.

6) Uemoto Y, et al, 2012b. Effects of porcine leptin receptor gene polymprphisms on backfat thickness, fat area ratios by image analysis, and serum leptin concentrations in a Duroc purebred population. Animal Science Journal 83, 375-385.

7) Uemoto Y, et al, 2008. Quantitative trait loci analysis on Sus Scrofa chromosome 7 for meat production, meat quality and carcass traits within a Duroc purebred population. Journal of Animal Science 86, 2833-2839.

8) Uemoto Y,et al, 2012. Effects of porcine leptin receptor gene polymprphisms on backfat thickness, fat area ratios by image analysis, and serum leptin concentrations in a Duroc purebred population. Animal Science Journal 83, 375- 385.

9) Nakano H,et al, 2015. Effect of VRTN gene polymorphism on Duroc pig production and carcass traits, and their genetic relationships selected for meat production and meat quality traits. Animal Science Journal. 86, 125-131.

10) Sato S, et al. 2017. Genome-wide association studies reveal additional related loci for fatty acid composition in a Duroc pig multigenerational population. Animal Science Journal, 88, 1482-1490.

11) Sato S, et al, 2016. Effect of candidate gene polymorphisms on reproductive traits in a Large White pig population. Animal Science Journal. 87, 1455-1463.

12) Meuwissen THE, et al, 2001. Prediction of total genetic value using genome-wide dense marker maps. Genetics 157, 1819-1929.

13) Fujii J, et al, 1991.Identification of a mutation in procine ryanodine receptor associated with malignant hyperthermia. Science 253, 448-451.

14) Nicola R, et al, 2016.Influence of major genes on meat quality. p287-331. In Meat quality -genetic and environmental factors. edited by Przybylski W and Hopkins D. CRC Press. NW.

14) Otto H, et al, 2007. Associations of DNA markers with meat quality traits in pigs with emphasis on drip loss. Meat Science 75, 185-195.

15) Milan D, et al, 2000. A mutaton in PRKAG3 associated with excess glycogen content in pig skeletal muscle. Science 288, 1248-1251.

16) Samorè AB & Fontanesi L, 2016. Genomic selection in pigs: state of the art and perspectives. Italian Journal of Animal Science 15, 211-232.

17) Le Roy P, et al, 1990. Evidence for a new major gene in°uencing meat quality in pigs. Genet. Res. 55, 33-40.

18) Mikawa S, et al., 2011. Identification of a second gene associated with variation in vertebral number in domestic pigs. BMC Genetics, 12:5.

Ⅷ. 低タンパク質飼料給与が肉質に及ぼす影響

1) Alonso V, et.al, 2010. Effect of protein level in commercial diets on pork meat quality. Meat Science 85, 7-14.

2) Li Y, et al, 2016. Protein-Restricted Diet Regulates Lipid and Energy Metabolism in Skeletal Muscle of Growing Pigs. J. Agric. Food Chem. 64, 9412-9420.

3) Yin J, et al, 2017. Effects of Long-Term Protein Restriction on Meat Quality, Muscle Amino Acids, and Amino Acid Transporters in Pigs. J. Agric. Food Chem. 65, 9297-9304.

4) Li YH, et a., 2018. Low-protein diet improves meat quality of growing and finishing pigs through changing lipid metabolism, fiber characteristics, and free amino acid profile of the muscle. Journal of Animal Science 96, 3221-3232.

5) Bidner BS, eEt al, 2004. Influence of dietary lysine level, pre-slaughter fasting, and rendement napole genotype on fresh pork quality. Meat Science 68, 53-60.

6) Katsumata M, et al, 2005. Reduced intake of dietary lysine promotes accumulation of intramuscular fat in the Longissimus dorsi muscles of finishing gilts. Animal Science Journal 76, 237-244.

7) Katsumata M, et al, 2008. Reduced dietary lysine enhances proportion of oxidative fibers in porcine skeletal muscle. Animal Science Journal 79, 347-353.

8) Wood JD, et al, 2004. Effect of breed, diet and muscle on fat deposition and eating quality in pigs. Meat Science 67, 651-667.

9) Tang R, et al, 2010. Effects of nutritional level of pork quality and gene expression of μ calpain and calpastatin in muscle of finishing pigs. Meat

Science 85, 768-771.

10） Pires VMR, et a, 2016. Increased intramuscular fat induced by reduced dietary protein in finishing pigs: effects on the longissimus lumborum muscle proteome. Mol. BioSyst. 12, 2447-2457.

11） Suárez-Bellochi J, et al, 2016. The effect of protein restriction during the growing period on carcass, meat and fat quality of heavy barrows and gilts. Meat Science 112, 16-23.

12） 家入ら, 2007. 肥育豚へのパン屑利用低リジン飼料給与による筋内脂肪含量の増加. 日豚会誌 44, 8-16.

13） Tous N, et al, 2014. Effect of reducing dietary protein and lysine on growth performance, carcass characteristics, intramuscular fat, and fatty acid profile of finishing barrows. Journal of Animal Science 92, 129-140.

14） Russunen M, et al, 2007. The effect of dietary protein supply on carcass composition, size of organs, muscle properties and meat quality of pigs. Livestock Science 105, 170-181.

15） Katsumata M, 2011. Promotion of intramuscular fat accumulation in porcine muscle by nutritional regulation. Animal Science Journal 82, 17-25.

Ⅸ．エゴマ絞り粕の飼料添加給により豚肉質の付加価値を高める

1） 山田未知, 網中潤, 山田幸二, 2001. 豚の脂肪組織と筋肉における脂肪酸組成に及ぼすエゴマ種実の影響 38, 25-30.

2） 「日本人の食事摂取基準」(2020年版)令和2年1月21日, 厚生労働省「日本人の食事摂取基準 (2020年版)」策定検討会報告書
https://www.mhlw.go.jp/content/10904750/000586553.pdf

Ⅹ．疾病や衛生管理ストレスが肉質に及ぼす影響

1） 宮城県食肉衛生検査所事業概要：https://www.pref.miyagi.jp/soshiki/sh-meat/jigyougaiyou.html. 2020.11.1.

2） Dailidavičienė J, et al, 2008. Typically definable respiratory lesions and their influence on meat characteristics in pig. Veterinaija ir Zootechnika 43, 20-24.

3） Čobanović N, et al, 2016. Carcass Quality and Hematological Alterations

Associated with Lung Lesions in Slaughter Pigs. Animal Science and Biotechnologies 49, 236-240.

4）Fujii, et al, 1991.Identification of a mutation in procine ryanodine receptor associated with malignant hyperthermia. Science 253, 448-451.

5）Terlouw C, 2005. Stress reactions at slaughter and meat quality in pigs: genetic background and prior experience: A brief review of recent findings. Livestock Production Science, 94, 125-135

6）Rocha LM, et al, 2016. Can the monitoring of animal welfare parameters predict pork meat quality variation through the supply chain（from farm to slaughter）? Journal of Animal Science 94, 359-376.

XI. 放牧養豚の肉質への影響

1）Gentry JG, et al, 2002a. Diverse birth and rearing environment effects on pig growth and meat quality. Journal of Animal Science 80, 1707-1715.

2）Gentry JG, et al, 2002b. Impact of spontaneous exercise on performance, meat quality,and muscle fiber characteristics of growing/finishing pigs. Journal of Animal Science 80. 2833-2839.

3）Gentry JG, et al, 2004. Environmental effects on pig performance, meat quality, and muscle characteristics. Journal of Animal Science 82, 209-217.

4）Johnson AK, et al, 2001. Behavior and performance of lactating sows and piglets reared indoors or outdoors. Journal of Animal Science 79, 2571-2579.

5）Gentry JG, et a., 2002b. Behavior and performance of lactating sows and piglets reared indoors or outdoors. Journal of Animal Science 80, 2833-2839.

6）Bee F, et al, 2004. Free-range rearing of pigs during the winter: Adaptations in muscle fiber characteristics and effects on adipose tissue composition and meat quality traits. Journal of Animal Science 82, 1206-1218.

7）Patton BS, et al, 2008. Effects of deep-bedded finishing system on market pig performance, composition and pork quality. Animal 3, 459-470.

8）Almeida J, et al, 2018. Physicochemical characteristics and sensory attributes of meat from heavy-weight. Iberian and F1 Large White ×

Landrace pigs finished intensively or in free-range Conditions. Journal of Animal Science 96, 2734-2746.

9) Pugliese C, et al, 2004. Comparison of the performances of Nero Siciliano pigs reared indoors and outdoors: 2. Joints composition, meat and fat traits. Meat Science 68, 523-528.

10) Do stalova A, et al, 2020. Effect of an Outdoor Access System on the Growth Performance, Carcass Characteristics,and Longissimus lumborum Muscle Meat Quality of the Prestice Black-Pied Pig Breed. Animals 10, 1244

11) Forte C, et al, 2017. Dietary integration with oregano (Origanum vulgare L.) essential oil improves growth rate and oxidative status in outdoor-reared, but not indoor-reared, pigs. Journal of Animal Physiology and Animal Nutrition 101, e352-e361.

XII. バイオマーカーによる肉質評価

1) 水野谷航, 2016. 骨格筋線維タイプと食肉の肉質に関する現在までの知見. 食肉の科学 57, 7-17.

2) 千国幸一ら, 2013. ブタ肉中のイノシン酸含量におよぼす筋肉型の影響, 日豚会誌 50, 8-14.

3) 小川ゆう子ら, 1998. 魚油および酒米添加飼料が豚の肉質と産肉能力に及ぼす影響, 日豚会誌 35, 98-106.

4) te Pas MFW, et al, 2017. Measurable biomarkers linked to meat quality from different pig production systems. Arch. Anim. Breed. 60, 271-283.

5) Rehfeldt C, et al, 1999. Environmental and Genetic Factors as Sources of Variation in Skeletal Muscle Fibre Number. Basic Appl. Myol. 9, 235-253.

6) Suzuki K et.al., 2005. Genetic parameter estimates of meat quality traits in Duroc pigs selected for average daily gain, longissimus muscle area, backfat thickness, and intramuscular fat content. Journal of Animal Science 83, 2058-2065.

索　引

欧文

(n-6) / (n-3) 比	102, 104
Ⅰ型線維	
	4, 5, 40, 49, 50, 54, 55, 124, 131
Ⅱa型線維	4, 51, 53
Ⅱb型線維	4, 40, 41, 49, 54, 55, 96, 131
Ⅱx型線維	4, 49, 53
a*値	
	30, 41, 53, 86, 88, 96, 111, 117, 120, 123, 124, 135
ADP	11, 12, 15, 19, 134
AMPK（adenosine monophosphage activated protein kinase）	17, 18, 79
ATP（アデノシン三リン酸）	
	2, 3, 9, 11, 12, 15, 17-19, 56, 79, 111, 134
b*値	30, 41, 53, 96, 111, 117, 135
BLUP	58, 73, 77, 80, 81
CAST（Calpastatic gene）	74, 78-80
Danbred	57
DFD	15-17, 114, 116
DHA	99, 100, 106
EPA	70, 99, 100, 102, 103, 106
FASN遺伝子	77
GWAS（Genome Wide Association Study）	
	75, 77
HAL-1843	35
Hypor	57
IMF	34, 57, 65-67, 132, 133

IMP（イノシン酸）	
	6, 18, 19, 30, 42-44, 55, 56, 65-67, 130-132, 135
L*値	
	30, 55, 64, 86, 89, 110, 111, 116-118, 120, 135
MyHC（ミオシン重鎖）	40, 42, 47, 55
n-3系多価不飽和脂肪酸	99, 102, 106
n-6系多価不飽和脂肪酸	99, 105, 106
PCS（肉色標準模型）	
	30, 36, 38, 64-68, 116
PIC	34, 57
PKM2	74
PLS回帰分析	31
PPARγ	86, 89, 90
PRKAG3	74, 78, 79
PSE	2, 3, 15-18, 35, 78, 115-117
PSS（豚ストレス症候群）	15, 78, 113, 135
QTL（量的遺伝子座）解析	73, 74
Rendement Napole遺伝子	16
RN-	17, 79
RN遺伝子	15, 79, 89
RSE（酸性肉）	15-18, 78, 116, 117
RYR1（リアノジン受容体1）	3, 74, 78, 113
SCD遺伝子	75, 76
SDS-PAGE	42
SEP（豚流行性肺炎）	109, 110
SNP	73-77, 80, 82
Tenderness	
	36-38, 64, 93, 94, 96, 97, 101, 102, 132

T管 2
VRTN遺伝子 75, 77
WHC (Water holding capacity) 14
Z線 3, 12, 13, 40
α-リノレン酸 99-107

ア行
アクチン 1, 2, 9, 10, 12, 13
アクチンフィラメント 9, 10, 11
アデノシン三リン酸 (ATP)
　2, 3, 9, 11, 12, 15, 17-19, 40, 56, 79,
　111, 134
アニマルウエルフェア 115, 117
育種価 34, 58, 65, 73, 77, 80, 81, 82
異常肉 15, 17
一部内臓廃棄 109, 110
遺伝相関 34, 61-63, 66-68, 70, 71, 132
遺伝的改良
　8, 54, 57, 58, 71, 73, 78, 82, 107
遺伝率 34, 61-64, 66, 69, 71, 85
イノシシ 47-52, 54, 55, 73
イノシン酸 (IMP)
　6, 18, 19, 30, 42-44, 55, 56, 130-132,
　135
イベリコ豚 54, 126
因子解析 31
うま味強度 43, 44
エゴマ 99-107
枝肉評価 22
エピジェネティック 135, 138
横隔膜 19, 55, 56
横紋筋 1, 2
オキシミオグロビン 134

オレイン酸
　30, 37, 38, 61, 62, 68, 85-87, 89, 94,
　99, 101, 103, 105, 125
オレガノ油 127, 128

カ行
解硬 12, 13
解糖
　5, 6, 9, 16-18, 39, 40, 47, 50, 51, 56,
　91, 96, 97, 118, 125, 130
解糖異常 15
格付評価 21, 60
加熱損失率 (クッキングロス)
　13-16, 30, 35-38, 42, 44, 61-69, 74,
　79, 93, 101, 102, , 110, 111, 126, 135
カルシウムチャネル 2, 3
カルパイン 13, 68, 79, 80, 96, 133
カルパスタチン (CAST)
　13, 74, 78-80, 90
官能検査 6, 25, 26, 28-30, 70
官能評価 25, 69, 70, 123, 127, 134, 135
記述的官能検査 26
胸最長筋
　4, 19, 23, 41, 42, 44, 49, 50, 55, 56,
　86-93, 97, 110, 123-125, 131, 133,
　136-138
共分散構造解析 31
筋原線維 1, 2, 3, 9, 12-15, 40, 47
筋収縮 3, 9, 56, 136
筋周膜 1, 2, 7, 23, 68, 132
筋小胞体 2, 3, 9, 11, 12
筋上膜 1, 2, 7
筋線維束 1, 2, 7
筋線維タイプ 4, 5, 6, 19, 41, 131

筋線維内脂肪　133
筋内膜　1, 2, 7, 13
クッキングロス（加熱損失率）
　13-16, 30, 35-38, 42, 44, 61-69, 74,
　79, 93, 101, 102, 110, 111, 126, 135
グリコーゲン
　1, 2, 5, 9, 11, 12, 14, 17, 18, 40, 41, 44,
　47, 62, 79, 111, 113-115, 117, 118,
　130, 131, 134, 135
グルコース　9, 11, 18, 86, 91, 97
グルタミン酸　6, 18, 19, 42-44, 55
クレアチンリン酸系　11
系統豚　58-60, 64, 74, 93, 99, 100, 107
結合水　14, 15
結合組織
　1, 7, 13, 18, 23, 25, 30, 68, 129, 130,
　132, 133, 135
ゲノム育種価　77, 80-83
ゲノム情報　3, 73, 83
好気性代謝　4
咬筋　19, 51, 52, 55, 56, 97
候補遺伝子解析　73, 74
骨格筋
　1-7, 10-12, 17, 39, 47, 78, 79, 118
固定水　14, 15

サ行
最終pH　35, 62, 115, 116, 136, 137,
最長筋　6, 51-54, 124
サイトカイン　113
酸性肉（RSE）　15-18, 78, 116, 117
嗜好型官能検査　26
死後硬直　9, 12, 15, 56, 133
疾病　109, 111, 113, 118, 129

脂肪細胞　8, 97, 129, 130, 133
脂肪酸組成
　18, 30, 38, 39, 42, 45, 61, 62, 64, 66,
　68, 75-77, 88, 93, 94, 101-103, 125,
　126, 135
脂肪融点　39, 76
島豚　42-44
しもふりレッド
　23, 43, 44, 56, 63, 64, 74, 93, 94, 97,
　99, 100, 107, 140
自由水　14, 15
上腕三頭筋　6
飼料効率
　41, 63, 88-90, 92, 109, 124, 125
飼料要求率　57, 63
心筋　1
随意筋　1
ストレス
　17, 18, 79, 109, 113-115, 118, 124,
　127-129
赤色筋　1, 4-6, 17, 124, 130
線維コラーゲン　7
速筋
　1, 4-6, 17, 19, 40-42, 47, 48, 50, 51,
　53, 55, 56, 130-132, 135

タ行
大腰筋　6, 19, 48, 53, 55, 56
大ヨークシャー
　33-35, 40-44, 47-50, 53, 54, 58-60,
　90, 97, 119, 125, 126, 136
タムワース　34, 53, 90

遅筋
　　1, 4-6, 17, 19, 40, 42, 47, 48, 51, 53,
　　55, 56, 130-132, 135
中殿筋　　　　　　　　　　　　　6
中ヨークシャー　　　　　　42-44
超音波探傷器　　　　　　　68-71
椎骨数　　　　　　　　　　　　77
低タンパク質飼料
　　　　　　85, 87, 88, 90, 91, 147
低リジン　　　　　86, 89, 90, 92-97
デュロック
　　22, 33-44, 47, 53, 56, 58-60, 63, 64,
　　68-70, 74, 75, 83, 90, 93-95, 99, 119,
　　132, 136
殿筋　　　　　　　　　　　51, 52
テンダーネス　　　　13, 14, 25, 111
トウキョウX　　　　　　　　63
等電点　　　　　　　　　　14, 15
動物福祉　114, 115, 116, 118, 119, 128
止め雄　　　　　　33, 34, 36-39, 45
トリグリセリド　　　　8, 40, 132
ドリップロス
　　15, 16, 29, 30, 34-36, 38, 40, 42, 44,
　　53-55, 61-66, 68, 74, 90, 93, 101,
　　102, 111, 115-118, 127, 130, 131,
　　135-137
トロポニン　　　　　　　　10-12
トロポミオシン　　　　　　　10

ナ行
肉質評価
　　21, 23, 25, 29, 30, 55, 105, 116, 134
肉色標準模型 (PCS)
　　　　　30, 36, 38, 64-68, 116

乳酸
　　6, 9, 11, 12, 14, 16, 56, 79, 111, 115,
　　117, 131, 135

ハ行
バークシャー
　　33-35, 38-40, 42-44, 53, 54, 58, 63,
　　64, 90, 126
バイオマーカー　　129, 130, 134-138
肺病変　　　　　　　　　109-112
白色筋　　　1, 4, 5, 17, 42, 124, 130
バスク豚　　　　　　　　　　136
パネル　　6, 26-30, 69, 101, 105
ハロセン遺伝子　　　　15, 78, 113
半棘筋　　　　　　　　19, 55, 56
パン屑　　　　　　　　　　85, 92
半腱様筋　6, 7, 13, 19, 55, 56, 125, 131
ハンプシャー　　16, 34, 35, 58, 79
半膜様筋　　　　　51, 52, 97, 124
ピエトレイン　　　　34, 135, 136
皮下脂肪外層　　　　38, 39, 64, 76
皮下脂肪内層
　　　　38, 39, 64, 76, 101-104, 106
ヒポキサンチン　　18, 19, 132, 134
ヒラメ筋　　　　　　　　　　　5
ファンクショナルクローニング　73
腹鋸筋　　　　　　　　　　　　6
不随意筋　　　　　　　　　　　1
豚枝肉取引規格　　　　　　　22
豚ストレス症候群 (PSS)
　　　　　　15, 78, 113, 135
プライアビリティー　　　　13, 14
ブリーダー　　　　　　　　　58
プロテアーゼ　　　　　　　　13

プロテオミクス 91, 135, 138
分析型官能検査 26-28
平滑筋 1
放牧養豚 119
ポークカラー・スタンダード 23
保水性
14-16, 21, 25, 29, 34, 36-38, 41, 44,
45, 53, 54, 57, 61, 62, 64, 69, 74, 78,
85, 93, 102, 110, 111, 113, 114, 126,
129, 133, 135, 137

マ行
マーブリングスコア
23, 86, 89, 93, 94, 123, 125
マイクロサテライトマーカー 73-75
マイコプラズマ・ハイオニューモニエ
109
マイコプラズマ性肺炎 109
マンガリッア 42-44
ミオグロビン 4, 5, 40, 134, 135
ミオシン 1, 9-12, 16, 47
ミオシン重鎖（MyHC） 40, 42, 47, 55
ミオシンフィラメント 2, 9, 11
ミトコンドリア 2, 5, 17
梅山豚（めいしゃんとん） 37
メタボローム解析 135
メトミオグロビン 134

ヤ行
余剰飼料摂取量 41, 63

ラ行
ランドレース
33, 35, 39-44, 47, 51, 54, 58-60, 78,
93-95, 97, 109, 119, 126, 136
リアノジン受容体1（RYR1）
3, 74, 78, 113
リジン制限 85, 89
リノール酸 85, 94, 99, 101, 103, 105
両極性 15
菱形筋 4, 86, 89, 90
レプチン受容体 75, 76

＜著者略歴＞

鈴木 啓一（すずき けいいち）

1950 年 3 月 17 日、宮城県に生まれる
1974 年 3 月　東北大学農学部卒業
1979 年 3 月　東北大学大学院農学研究科博士後期課程修了　農学博士学位授与
1983 年 4 月　宮城県畜産試験場勤務　種豚家きん部原種豚班リーダーとしてランドレース種、デュロック種の育種改良を担当
2002 年 4 月　東北大学大学院農学研究科動物遺伝育種学分野准教授
2006 年 12 月　東北大学大学院農学研究科動物遺伝育種学分野教授
2015 年 3 月　東北大学定年退職　東北大学名誉教授称号授与
2015 年 4 月　東北大学大学院農学研究科家畜生産機能開発学寄附講座教授
2017 年 4 月　岩手県奥州市牛の博物館館長
2020 年 3 月　東北大学大学院農学研究科家畜生産機能開発学寄附講座退職
2021 年 3 月　岩手県奥州市牛の博物館館長退職

豚肉の生産科学

Production science of pork

©KEIICHI Suzuki, 2022

2022 年 2 月 21 日　初版第 1 刷発行

著　者　鈴木 啓一
発行者　関内 隆
発行所　東北大学出版会
　　　　〒980-8577　仙台市青葉区片平 2-1-1
　　　　TEL：022-214-2777　FAX：022-214-2778
　　　　https://www.tups.jp　E-mail：info@tups.jp
印　刷　社会福祉法人　共生福祉会
　　　　萩の郷福祉工場
　　　　〒982-0804　仙台市太白区鈎取御堂平 38
　　　　TEL：022-244-0117　FAX：022-244-7104

ISBN978-4-86163-361-4　C3045
定価はカバーに表示してあります。
乱丁、落丁はおとりかえします。